わくわくポスター　算数 2年　かけ算

1のだん

$1 \times 1 = 1$
（一一が 1）

$1 \times 2 = 2$
（一二が 2）

$1 \times 3 = 3$
（一三が 3）

$1 \times 4 = 4$
（一四が 4）

$1 \times 5 = 5$
（一五が 5）

$1 \times 6 = 6$
（一六が 6）

$1 \times 7 = 7$
（一七が 7）

$1 \times 8 = 8$
（一八が 8）

$1 \times 9 = 9$
（一九が 9）

2のだん

$2 \times 1 = 2$
（二一が 2）

$2 \times 2 = 4$
（二二が 4）

$2 \times 3 = 6$
（二三が 6）

$2 \times 4 = 8$
（二四が 8）

$2 \times 5 = 10$
（二五 10）

$2 \times 6 = 12$
（二六 12）

$2 \times 7 = 14$
（二七 14）

$2 \times 8 = 16$
（二八 16）

$2 \times 9 = 18$
（二九 18）

3のだん

$3 \times 1 = 3$
（三一が 3）

$3 \times 2 = 6$
（三二が 6）

$3 \times 3 = 9$
（三三が 9）

$3 \times 4 = 12$
（三四 12）

$3 \times 5 = 15$
（三五 15）

$3 \times 6 = 18$
（三六 18）

$3 \times 7 = 21$
（三七 21）

$3 \times 8 = 24$
（三八 24）

$3 \times 9 = 27$
（三九 27）

4のだん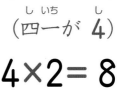

$4 \times 1 = 4$
（四一が 4）

$4 \times 2 = 8$
（四二が 8）

$4 \times 3 = 12$
（四三 12）

$4 \times 4 = 16$
（四四 16）

$4 \times 5 = 20$
（四五 20）

$4 \times 6 = 24$
（四六 24）

$4 \times 7 = 28$
（四七 28）

$4 \times 8 = 32$
（四八 32）

$4 \times 9 = 36$

5のだん

5×1
（五一が

5×2
（五二

5×3
（五三

5×4
（五四

5×5
（五五

5×6
（五六

5×7
（五七

5×8
（五八

5×9
（五九

時こくと 時間

は

す。

時間は 20分です。

時こくは 5時です。 時こくは 5時20分です。

  午後

（14時） 2時	（16時） 4時	（18時） 6時	（20時） 8時	（21時） 9時

あそぶ	手つだい	夕食	おふろ	ねる

のだん	**6**のだん	**7**のだん	**8**のだん	**9**のだん
= 5 （ご が 5）	6×1=6 （ろくいち ろく 六一が 6）	7×1=7 （しちいち しち 七一が 7）	8×1=8 （はちいち はち 八一が 8）	9×1=9 （くいち く 九一が 9）
=10 （じゅう 10）	6×2=12 （ろく に じゅうに 六二 12）	7×2=14 （しち に じゅうし 七二 14）	8×2=16 （はち に じゅうろく 八二 16）	9×2=18 （く に じゅうはち 九二 18）
=15 （じゅうご 15）	6×3=18 （ろく さん じゅうはち 六三 18）	7×3=21 （しち さん にじゅういち 七三 21）	8×3=24 （はち さん にじゅうし 八三 24）	9×3=27 （く さん にじゅうしち 九三 27）
=20 （にじゅう 20）	6×4=24 （ろく し にじゅうし 六四 24）	7×4=28 （しち し にじゅうはち 七四 28）	8×4=32 （はち し さんじゅうに 八四 32）	9×4=36 （く し さんじゅうろく 九四 36）
=25 （にじゅうご 25）	6×5=30 （ろく ご さんじゅう 六五 30）	7×5=35 （しち ご さんじゅうご 七五 35）	8×5=40 （はち ご しじゅう 八五 40）	9×5=45 （く ご しじゅうご 九五 45）
=30 （さんじゅう 30）	6×6=36 （ろく ろく さんじゅうろく 六六 36）	7×6=42 （しち ろく しじゅうに 七六 42）	8×6=48 （はち ろく しじゅうはち 八六 48）	9×6=54 （く ろく ごじゅうし 九六 54）
=35 （さんじゅうご 35）	6×7=42 （ろく しち しじゅうに 六七 42）	7×7=49 （しち しち しじゅうく 七七 49）	8×7=56 （はち しち ごじゅうろく 八七 56）	9×7=63 （く しち ろくじゅうさん 九七 63）
=40 （しじゅう 40）	6×8=48 （ろく は しじゅうはち 六八 48）	7×8=56 （しち は ごじゅうろく 七八 56）	8×8=64 （はっぱ ろくじゅうし 八八 64）	9×8=72 （く は しちじゅうに 九八 72）
=45 （しじゅうご 45）	6×9=54 （ろっく ごじゅうし 六九 54）	7×9=63 （しち く ろくじゅうさん 七九 63）	8×9=72 （はっく しちじゅうに 八九 72）	9×9=81 （く く はちじゅういち 九九 81）

時計の 読み方

長い はりは **何分** です。

長い はりが ひと回り すると

60分=1時間

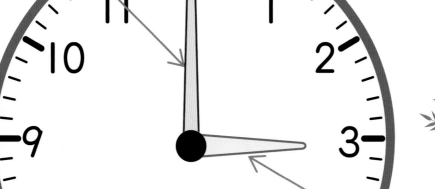

みじかい はり

何時 です。

めもりは 1めもりで **1分** で

午前と 午後

午前		**正午**	
6時	8時	10時	12時 0時

おきる　　家を 出る　　じゅぎょう　　昼食

2年

実力アップ
計算
れんしゅうノート

特別（とくべつ）ふろく

計算力（けいさんりょく）がぐんぐんのびる！

このふろくは
すべての教科書に対応した
全教科書版です。

年	組	名前

「計算れんしゅうノート」はとりはずして

1 たし算 (1)

時間 **20** 分

とく点

/100点

🐠 ひっ算で しましょう。

1つ6〔90点〕

① 35+24

② 23+42

③ 52+16

④ 27+31

⑤ 44+55

⑥ 36+12

⑦ 58+40

⑧ 30+65

⑨ 32+7

⑩ 8+41

⑪ 50+30

⑫ 67+22

⑬ 6+53

⑭ 50+3

⑮ 8+40

🐧 れなさんは、25円の あめと 43円の ガムを 買います。
あわせて いくらですか。

1つ5〔10点〕

しき

答え (　　　　　)

2 たし算 (2)

時間 20分

とく点

/100点

🐳 ひっ算で しましょう。

1つ6〔90点〕

① 45＋38　　② 18＋39　　③ 57＋36

④ 37＋59　　⑤ 25＋18　　⑥ 67＋25

⑦ 7＋39　　⑧ 5＋75　　⑨ 3＋47

⑩ 9＋66　　⑪ 13＋39　　⑫ 48＋17

⑬ 63＋27　　⑭ 8＋54　　⑮ 34＋6

★ 山中小学校の 2年生は、2クラス あります。1組が 24人、
2組が 27人です。2年生は、みんなで 何人ですか。　　1つ5〔10点〕

しき

答え（　　　　　　　）

3

3 たし算 (3)

時間 20分

とく点

/100点

🐟 ひっ算で しましょう。

1つ6〔90点〕

① 26+48　　② 19+32　　③ 37+14

④ 46+38　　⑤ 37+57　　⑥ 25+39

⑦ 8+65　　⑧ 24+36　　⑨ 48+6

⑩ 8+62　　⑪ 28+19　　⑫ 33+48

⑬ 6+67　　⑭ 36+27　　⑮ 59+39

🐧 カードが 37まい あります。友だちから 6まい
もらいました。ぜんぶで 何まいに なりましたか。

1つ5〔10点〕

しき

答え (　　　　　　　)

4 ひき算⑴

とく点

/100点

🐢 ひっ算で しましょう。

1つ6〔90点〕

① 65−13　　② 76−24　　③ 59−36

④ 88−42　　⑤ 47−31　　⑥ 38−12

⑦ 67−40　　⑧ 96−86　　⑨ 60−40

⑩ 50−20　　⑪ 78−73　　⑫ 93−90

⑬ 67−4　　⑭ 86−3　　⑮ 45−5

⭐ ゆうとさんは、カードを 39まい もって います。弟に 15まい あげました。カードは 何まい のこって いますか。

しき

1つ5〔10点〕

答え（　　　　　　　）

5 ひき算 (2)

🐠 ひっ算で しましょう。

1つ6〔90点〕

① 63−45

② 54−19

③ 75−38

④ 42−29

⑤ 86−28

⑥ 97−59

⑦ 43−17

⑧ 80−47

⑨ 60−36

⑩ 41−36

⑪ 70−68

⑫ 61−8

⑬ 56−9

⑭ 90−3

⑮ 70−4

🐧 りほさんは、88ページの 本を 読んで います。今日までに、49ページ 読みました。のこりは 何ページですか。

1つ5〔10点〕

しき

答え (　　　　　　　)

6 ひき算 (3)

🐳 ひっ算で しましょう。

1つ6〔90点〕

① 72−28　　② 55−26　　③ 81−45

④ 94−29　　⑤ 66−18　　⑥ 50−28

⑦ 90−51　　⑧ 43−35　　⑨ 55−49

⑩ 60−59　　⑪ 34−9　　⑫ 52−7

⑬ 40−4　　⑭ 70−8　　⑮ 60−7

⭐ はがきが 50まい ありました。32まい つかいました。
のこりは 何まいに なりましたか。

1つ5〔10点〕

しき

答え (　　　　　　　)

 7 大きい　数の　計算⑴

 計算を　しましょう。

1つ6〔90点〕

① 50+80　　② 30+90　　③ 70+80

④ 90+20　　⑤ 60+60　　⑥ 80+60

⑦ 70+70　　⑧ 120-40　　⑨ 110-80

⑩ 140-60　　⑪ 160-80　　⑫ 130-70

⑬ 180-90　　⑭ 150-70　　⑮ 170-80

青い　色紙が　80まい、赤い　色紙が　40まい　あります。
あわせて　何まい　ありますか。

1つ5〔10点〕

しき

答え（　　　　　　　）

 8 大きい　数の　計算⑵

時間 **20**分

とく点

/100点

🍮 計算を　しましょう。

1つ6〔90点〕

① 300＋500　　② 600＋300　　③ 200＋400

④ 600－400　　⑤ 800－200　　⑥ 700－500

⑦ 400＋30　　⑧ 500＋60　　⑨ 900＋20

⑩ 700＋3　　⑪ 260－60　　⑫ 420－20

⑬ 630－30　　⑭ 403－3　　⑮ 706－6

★ 400円の　色えんぴつと、60円の　けしゴムを　買います。
あわせて　いくらですか。

1つ5〔10点〕

しき

答え（　　　　　　）

9 水の かさ

とく点

/100点

🐠 □に あてはまる 数を 書きましょう。 1つ5〔40点〕

① 1L= [ ] dL

② 1L= [ ] mL

③ 1dL= [ ] mL

④ 8L= [ ] dL

⑤ 300mL= [ ] dL

⑥ 5dL= [ ] mL

⑦ 21dL= [ ] L 1dL

⑧ 70dL= [ ] L

🐧 計算を しましょう。 1つ10〔60点〕

⑨ 3L4dL+2L

⑩ 1L3dL+5dL

⑪ 2L9dL−6dL

⑫ 6L4dL−6L

⑬ 1L8dL+5dL

⑭ 2L2dL−7dL

10 計算の くふう

時間 20分

とく点

/100点

🐚 くふうして 計算しましょう。

1つ6〔90点〕

① 7+11+9

② 8+21+9

③ 23+15+7

④ 37+16+4

⑤ 7+48+13

⑥ 4+49+6

⑦ 26+45+4

⑧ 15+47+5

⑨ 21+16+19

⑩ 15+38+15

⑪ 29+12+28

⑫ 48+25+5

⑬ 15+36+25

⑭ 27+48+13

⑮ 12+27+18

⭐ 赤い リボンが 14本、青い リボンが 28本 あります。
お姉さんから リボンを 16本 もらいました。リボンは
あわせて 何本に なりましたか。

1つ5〔10点〕

しき

答え (　　　　　　　　)

11 3けたの　たし算(1)

時間 20分

とく点

/100点

🐠 ひっ算で　しましょう。

1つ6〔90点〕

① 74+63

② 36+92

③ 70+88

④ 56+61

⑤ 87+64

⑥ 48+95

⑦ 63+88

⑧ 55+66

⑨ 73+58

⑩ 97+36

⑪ 49+75

⑫ 67+49

⑬ 86+48

⑭ 58+66

⑮ 35+87

🐧 玉入れを　しました。赤組が　67こ、白組が　72こ　入れました。
あわせて　何こ　入れましたか。

1つ5〔10点〕

しき

答え (　　　　　　　　　)

12 3けたの たし算 (2)

とく点

時間 20分

/100点

🐋 ひっ算で しましょう。

1つ6〔90点〕

① 43+77　　② 92+98　　③ 87+33

④ 58+62　　⑤ 36+65　　⑥ 56+48

⑦ 65+39　　⑧ 47+58　　⑨ 13+87

⑩ 16+84　　⑪ 75+25　　⑫ 97+8

⑬ 6+98　　⑭ 96+4　　⑮ 2+98

⭐ りくとさんは、65円の けしゴムと 38円の えんぴつを
買います。あわせて いくらですか。

1つ5〔10点〕

しき

答え (　　　　　　　　)

13 3けたの　たし算 (3)

🐠 ひっ算で　しましょう。

1つ6〔90点〕

① 324＋35　　　② 413＋62　　　③ 54＋213

④ 530＋47　　　⑤ 26＋342　　　⑥ 47＋151

⑦ 436＋29　　　⑧ 513＋68　　　⑨ 79＋304

⑩ 403＋88　　　⑪ 103＋37　　　⑫ 66＋204

⑬ 683＋9　　　⑭ 8＋235　　　⑮ 407＋3

🐧 425円の　クッキーと、68円の　チョコレートを　買います。
あわせて　いくらですか。

1つ5〔10点〕

しき

答え (　　　　　　　)

14 3けたの　ひき算⑴

とく点

時間 **20**分

/100点

🥣 ひっ算で　しましょう。

1つ6〔90点〕

① 146−73　　② 167−84　　③ 163−91

④ 118−38　　⑤ 162−71　　⑥ 136−65

⑦ 107−54　　⑧ 105−32　　⑨ 103−63

⑩ 124−39　　⑪ 156−89　　⑫ 143−68

⑬ 162−73　　⑭ 133−57　　⑮ 151−94

⭐ そらさんは、144ページの　本を　読んで　います。今日までに、
68ページ　読みました。のこりは　何ページですか。　　1つ5〔10点〕

しき

答え（　　　　　　　　）

15

15　3けたの　ひき算⑵

🐟 ひっ算で　しましょう。

1つ6〔90点〕

① 123−29　　② 165−68　　③ 173−76

④ 152−57　　⑤ 133−35　　⑥ 140−43

⑦ 103−56　　⑧ 105−79　　⑨ 107−29

⑩ 104−68　　⑪ 103−8　　⑫ 100−7

⑬ 102−6　　⑭ 101−3　　⑮ 107−8

🐧 あおいさんは、シールを　103まい　もって　います。弟に
25まい　あげました。シールは　何まい　のこって　いますか。

しき

1つ5〔10点〕

答え（　　　　　　　）

16 3けたの　ひき算(3)

🦔 ひっ算で　しましょう。

1つ6〔90点〕

❶ 358−26

❷ 437−14

❸ 583−32

❹ 463−27

❺ 684−58

❻ 942−24

❼ 745−19

❽ 534−28

❾ 453−47

❿ 372−65

⓫ 435−7

⓬ 364−9

⓭ 732−4

⓮ 513−6

⓯ 914−8

★ 画用紙が　215まい　あります。今日　8まい　つかいました。

のこった　画用紙は　何まいですか。

1つ5〔10点〕

しき

答え (　　　　　　　　)

17 かけ算九九 (1)

🐠 かけ算を しましょう。　　　　　　　　　　　　1つ6〔90点〕

① 5×4　　　② 2×8　　　③ 5×1

④ 5×3　　　⑤ 5×5　　　⑥ 2×7

⑦ 2×6　　　⑧ 2×4　　　⑨ 5×6

⑩ 2×5　　　⑪ 5×7　　　⑫ 2×9

⑬ 5×9　　　⑭ 2×2　　　⑮ 5×8

🐧 おかしが 5こずつ 入った はこが、2はこ あります。

おかしは ぜんぶで 何こ ありますか。　　　　　1つ5〔10点〕

しき

答え (　　　　　　　)

18 かけ算九九 (2)

とく点

/100点

かけ算を　しましょう。

1つ6〔90点〕

① 3×6　　　② 4×8　　　③ 3×8

④ 4×2　　　⑤ 3×9　　　⑥ 4×4

⑦ 4×7　　　⑧ 3×7　　　⑨ 3×5

⑩ 3×1　　　⑪ 4×6　　　⑫ 4×3

⑬ 4×5　　　⑭ 3×3　　　⑮ 4×9

★ 長いすが　4つ　あります。1つの　長いすに　3人ずつ
すわります。みんなで　何人　すわれますか。

1つ5〔10点〕

しき

答え (　　　　　　)

19 かけ算九九 (3)

時間 20分

とく点

／100点

🐟 かけ算を しましょう。

1つ6〔90点〕

❶ 6×5

❷ 6×1

❸ 6×4

❹ 7×9

❺ 6×8

❻ 7×3

❼ 7×5

❽ 7×2

❾ 6×7

❿ 6×6

⓫ 7×8

⓬ 6×9

⓭ 7×4

⓮ 6×3

⓯ 7×7

🐧 カードを 1人に 7まいずつ、6人に くばります。カードは
何まい いりますか。

1つ5〔10点〕

しき

答え (　　　　　　　)

20

20 かけ算九九 (4)

時間 **20** 分

とく点

/100点

かけ算を　しましょう。

1つ6〔90点〕

① 8×7

② 9×5

③ 8×2

④ 9×3

⑤ 9×4

⑥ 1×6

⑦ 1×7

⑧ 8×8

⑨ 9×9

⑩ 8×4

⑪ 9×6

⑫ 8×9

⑬ 8×6

⑭ 1×9

⑮ 9×7

★ えんぴつを　1人に　9本ずつ、8人に　くばります。
えんぴつは　何本　いりますか。

1つ5〔10点〕

しき

答え (　　　　　　　　)

21 かけ算九九 (5)

時間 20分

とく点

/100点

🐠 かけ算を しましょう。

1つ6〔90点〕

① 3×8

② 8×5

③ 1×5

④ 6×6

⑤ 4×9

⑥ 2×6

⑦ 7×4

⑧ 5×2

⑨ 8×9

⑩ 5×8

⑪ 9×6

⑫ 3×6

⑬ 7×3

⑭ 4×3

⑮ 8×7

🐧 1はこ 6こ入りの チョコレートが 7はこ あります。
チョコレートは 何こ ありますか。

1つ5〔10点〕

しき

答え (　　　　　　　　　　)

22 かけ算九九 (6)

🐳 かけ算を　しましょう。

1つ6〔90点〕

① 6×3　　② 4×6　　③ 8×6

④ 3×7　　⑤ 7×7　　⑥ 5×3

⑦ 1×6　　⑧ 9×5　　⑨ 6×9

⑩ 8×8　　⑪ 4×7　　⑫ 2×7

⑬ 7×1　　⑭ 5×6　　⑮ 9×3

★ お楽しみ会で、1人に　おかしを　2こと、ジュースを　1本　くばります。8人分では、おかしと　ジュースは、それぞれ　いくつ　いりますか。

1つ5〔10点〕

しき

答え（おかし…　　　、ジュース…　　　　）

23

23 かけ算九九 (7)

とく点

/100点

🐠 かけ算を　しましょう。　　　　　　　　　　　　1つ6〔90点〕

① 4×4　　　② 7×5　　　③ 2×3

④ 9×4　　　⑤ 7×9　　　⑥ 5×5

⑦ 3×4　　　⑧ 8×3　　　⑨ 6×2

⑩ 4×8　　　⑪ 9×7　　　⑫ 1×4

⑬ 5×7　　　⑭ 3×9　　　⑮ 6×8

 1週間は　7日です。6週間は　何日ですか。　　1つ5〔10点〕

しき

答え (　　　　　　　　　)

24 1000より 大きい 数

🐋 □に あてはまる 数を 書きましょう。　　　　1つ10〔60点〕

① 1000を 6こ、100を 2こ、1を 9こ あわせた 数は、

□ です。

② 7035は、1000を □こ、10を □こ、1を □こ

あわせた 数です。　（ぜんぶ できて 10点）

③ 千のくらいが 4、百のくらいが 7、十のくらいが 2、

一のくらいが 8の 数は、□ です。

④ 100を 39こ あつめた 数は、□ です。

⑤ 8000は、100を □こ あつめた 数です。

⑥ 1000を 10こ あつめた 数は、□ です。

⭐ □に あてはまる ＞、＜を 書きましょう。　　　　1つ10〔40点〕

⑦ 7000 □ 6990　　　⑧ 4078 □ 4089

⑨ 9609 □ 9613　　　⑩ 7359 □ 7357

25

25 大きい 数の 計算(3)

とく点

時間 **20** 分

/100点

🐠 計算を しましょう。

1つ6〔90点〕

① 700＋500

② 800＋600

③ 400＋800

④ 900＋400

⑤ 500＋600

⑥ 800＋800

⑦ 700＋600

⑧ 200＋900

⑨ 900＋300

⑩ 1000－500

⑪ 1000－800

⑫ 1000－400

⑬ 1000－300

⑭ 1000－600

⑮ 1000－900

🐧 700円の 絵のぐを 買います。1000円さつで はらうと、
おつりは いくらですか。

1つ5〔10点〕

しき

答え（　　　　　）

26 長さ

 □に あてはまる 数を 書きましょう。　1つ5〔50点〕

① 2cm = ☐ mm

② 4m = ☐ cm

③ 80mm = ☐ cm

④ 200cm = ☐ m

⑤ 32mm = ☐ cm ☐ mm

⑥ 260cm = ☐ m ☐ cm

⑦ 402cm = ☐ m ☐ cm

⑧ 1m50cm = ☐ cm

⑨ 3m42cm = ☐ cm

⑩ 8cm5mm = ☐ mm

★ 計算を しましょう。　1つ10〔50点〕

⑪ 5cm6mm + 7cm

⑫ 2m50cm + 4m

⑬ 8cm2mm + 7mm

⑭ 6cm8mm − 5cm

⑮ 7m21cm − 17cm

27 2年の まとめ (1)

とく点

時間 20分

/100点

計算を しましょう。　　　　　　　　　　　　　　1つ6〔54点〕

① 24+14　　　② 38+58　　　③ 75+46

④ 27+83　　　⑤ 400+80　　　⑥ 87-50

⑦ 66-28　　　⑧ 104-79　　　⑨ 235-23

かけ算を しましょう。　　　　　　　　　　　　　1つ6〔36点〕

⑩ 5×3　　　⑪ 7×8　　　⑫ 1×9

⑬ 3×4　　　⑭ 6×5　　　⑮ 8×4

リボンが 52本 ありました。かざりを 作るのに 何本か つかったので、のこりが 35本に なりました。リボンを 何本 つかいましたか。　　　　　　　　　　　　　　1つ5〔10点〕

しき

答え (　　　　　　　)

28 2年の まとめ (2)

★ 計算を しましょう。　　　　　　　　　　　　1つ6〔54点〕

① 19+39　　　② 26+34　　　③ 37+86

④ 98+8　　　⑤ 72−25　　　⑥ 60−33

⑦ 106−9　　　⑧ 256−53　　　⑨ 1000−200

🐟 かけ算を しましょう。　　　　　　　　　　1つ6〔36点〕

⑩ 7×5　　　⑪ 4×8　　　⑫ 3×7

⑬ 9×6　　　⑭ 2×9　　　⑮ 6×8

🐧 1はこ 4こ入りの ケーキが 6はこ あります。ケーキを
5こ たべると、のこりは 何こですか。　　　　　1つ5〔10点〕

しき

答え (　　　　　　　　)

1
- ① 59　② 65　③ 68
- ④ 58　⑤ 99　⑥ 48
- ⑦ 98　⑧ 95　⑨ 39
- ⑩ 49　⑪ 80　⑫ 89
- ⑬ 59　⑭ 53　⑮ 48
- しき 25＋43＝68　　答え 68円

2
- ① 83　② 57　③ 93
- ④ 96　⑤ 43　⑥ 92
- ⑦ 46　⑧ 80　⑨ 50
- ⑩ 75　⑪ 52　⑫ 65
- ⑬ 90　⑭ 62　⑮ 40
- しき 24＋27＝51　　答え 51人

3
- ① 74　② 51　③ 51
- ④ 84　⑤ 94　⑥ 64
- ⑦ 73　⑧ 60　⑨ 54
- ⑩ 70　⑪ 47　⑫ 81
- ⑬ 73　⑭ 63　⑮ 98
- しき 37＋6＝43　　答え 43まい

4
- ① 52　② 52　③ 23
- ④ 46　⑤ 16　⑥ 26
- ⑦ 27　⑧ 10　⑨ 20
- ⑩ 30　⑪ 5　⑫ 3
- ⑬ 63　⑭ 83　⑮ 40
- しき 39－15＝24　　答え 24まい

5
- ① 18　② 35　③ 37
- ④ 13　⑤ 58　⑥ 38
- ⑦ 26　⑧ 33　⑨ 24
- ⑩ 5　⑪ 2　⑫ 53
- ⑬ 47　⑭ 87　⑮ 66
- しき 88－49＝39　　答え 39ページ

6
- ① 44　② 29　③ 36
- ④ 65　⑤ 48　⑥ 22
- ⑦ 39　⑧ 8　⑨ 6
- ⑩ 1　⑪ 25　⑫ 45
- ⑬ 36　⑭ 62　⑮ 53
- しき 50－32＝18　　答え 18まい

7
- ① 130　② 120　③ 150
- ④ 110　⑤ 120　⑥ 140
- ⑦ 140　⑧ 80　⑨ 30
- ⑩ 80　⑪ 80　⑫ 60
- ⑬ 90　⑭ 80　⑮ 90
- しき 80＋40＝120　　答え 120まい

8
- ① 800　② 900　③ 600
- ④ 200　⑤ 600　⑥ 200
- ⑦ 430　⑧ 560　⑨ 920
- ⑩ 703　⑪ 200　⑫ 400
- ⑬ 600　⑭ 400　⑮ 700
- しき 400＋60＝460　　答え 460円

9
- ① 1L＝ [10] dL　② 1L＝ [1000] mL
- ③ 1dL＝ [100] mL　④ 8L＝ [80] dL
- ⑤ 300mL＝ [3] dL　⑥ 5dL＝ [500] mL
- ⑦ 21dL＝ [2] L1dL　⑧ 70dL＝ [7] L
- ⑨ 5L4dL　⑩ 1L8dL
- ⑪ 2L3dL　⑫ 4dL
- ⑬ 2L3dL　⑭ 1L5dL

10
- ① 27　② 38　③ 45
- ④ 57　⑤ 68　⑥ 59
- ⑦ 75　⑧ 67　⑨ 56
- ⑩ 68　⑪ 69　⑫ 78
- ⑬ 76　⑭ 88　⑮ 57
- しき 14＋28＋16＝58　　答え 58本

11
① 137　② 128　③ 158
④ 117　⑤ 151　⑥ 143
⑦ 151　⑧ 121　⑨ 131
⑩ 133　⑪ 124　⑫ 116
⑬ 134　⑭ 124　⑮ 122
しき 67＋72＝139　　答え 139 こ

12
① 120　② 190　③ 120
④ 120　⑤ 101　⑥ 104
⑦ 104　⑧ 105　⑨ 100
⑩ 100　⑪ 100　⑫ 105
⑬ 104　⑭ 100　⑮ 100
しき 65＋38＝103　　答え 103 円

13
① 359　② 475　③ 267
④ 577　⑤ 368　⑥ 198
⑦ 465　⑧ 581　⑨ 383
⑩ 491　⑪ 140　⑫ 270
⑬ 692　⑭ 243　⑮ 410
しき 425＋68＝493　　答え 493 円

14
① 73　② 83　③ 72
④ 80　⑤ 91　⑥ 71
⑦ 53　⑧ 73　⑨ 40
⑩ 85　⑪ 67　⑫ 75
⑬ 89　⑭ 76　⑮ 57
しき 144－68＝76　　答え 76 ページ

15
① 94　② 97　③ 97
④ 95　⑤ 98　⑥ 97
⑦ 47　⑧ 26　⑨ 78
⑩ 36　⑪ 95　⑫ 93
⑬ 96　⑭ 98　⑮ 99
しき 103－25＝78　　答え 78 まい

16
① 332　② 423　③ 551
④ 436　⑤ 626　⑥ 918
⑦ 726　⑧ 506　⑨ 406
⑩ 307　⑪ 428　⑫ 355
⑬ 728　⑭ 507　⑮ 906
しき 215－8＝207　　答え 207 まい

17
① 20　② 16　③ 5
④ 15　⑤ 25　⑥ 14
⑦ 12　⑧ 8　⑨ 30
⑩ 10　⑪ 35　⑫ 18
⑬ 45　⑭ 4　⑮ 40
しき 5×2＝10　　答え 10 こ

18
① 18　② 32　③ 24
④ 8　⑤ 27　⑥ 16
⑦ 28　⑧ 21　⑨ 15
⑩ 3　⑪ 24　⑫ 12
⑬ 20　⑭ 9　⑮ 36
しき 3×4＝12　　答え 12 人

19
① 30　② 6　③ 24
④ 63　⑤ 48　⑥ 21
⑦ 35　⑧ 14　⑨ 42
⑩ 36　⑪ 56　⑫ 54
⑬ 28　⑭ 18　⑮ 49
しき 7×6＝42　　答え 42 まい

20
① 56　② 45　③ 16
④ 27　⑤ 36　⑥ 6
⑦ 7　⑧ 64　⑨ 81
⑩ 32　⑪ 54　⑫ 72
⑬ 48　⑭ 9　⑮ 63
しき 9×8＝72　　答え 72 本

21 ① 24　② 40　③ 5
④ 36　⑤ 36　⑥ 12
⑦ 28　⑧ 10　⑨ 72
⑩ 40　⑪ 54　⑫ 18
⑬ 21　⑭ 12　⑮ 56
しき 6×7=42　　　答え 42こ

22 ① 18　② 24　③ 48
④ 21　⑤ 49　⑥ 15
⑦ 6　⑧ 45　⑨ 54
⑩ 64　⑪ 28　⑫ 14
⑬ 7　⑭ 30　⑮ 27
しき 2×8=16　　1×8=8
答え おかし…16こ、ジュース…8本

23 ① 16　② 35　③ 6
④ 36　⑤ 63　⑥ 25
⑦ 12　⑧ 24　⑨ 12
⑩ 32　⑪ 63　⑫ 4
⑬ 35　⑭ 27　⑮ 48
しき 7×6=42　　　答え 42日

24 ① 1000を 6こ、100を 2こ、1を
9こ あわせた 数は、6209です。
② 7035は、1000を 7こ、10を
3こ、1を 5こ あわせた 数です。
③ 千のくらいが 4、百のくらいが 7、
十のくらいが 2、一のくらいが
8の 数は、4728です。
④ 100を 39こ あつめた 数は、
3900です。
⑤ 8000は、100を 80こ
あつめた 数です。
⑥ 1000を 10こ あつめた 数は、
10000です。
⑦ 7000＞6990
⑧ 4078＜4089
⑨ 9609＜9613
⑩ 7359＞7357

25 ① 1200　② 1400　③ 1200
④ 1300　⑤ 1100　⑥ 1600
⑦ 1300　⑧ 1100　⑨ 1200
⑩ 500　⑪ 200　⑫ 600
⑬ 700　⑭ 400　⑮ 100
しき 1000−700=300　　答え 300円

26 ① 2cm=20mm　② 4m=400cm
③ 80mm=8cm　④ 200cm=2m
⑤ 32mm=3cm2mm
⑥ 260cm=2m60cm
⑦ 402cm=4m2cm
⑧ 1m50cm=150cm
⑨ 3m42cm=342cm
⑩ 8cm5mm=85mm
⑪ 12cm6mm　⑫ 6m50cm
⑬ 8cm9mm　⑭ 1cm8mm
⑮ 7m4cm

27 ① 38　② 96　③ 121
④ 110　⑤ 480　⑥ 37
⑦ 38　⑧ 25　⑨ 212
⑩ 15　⑪ 56　⑫ 9
⑬ 12　⑭ 30　⑮ 32
しき 52−35=17　　　答え 17本

28 ① 58　② 60　③ 123
④ 106　⑤ 47　⑥ 27
⑦ 97　⑧ 203　⑨ 800
⑩ 35　⑪ 32　⑫ 21
⑬ 54　⑭ 18　⑮ 48
しき 4×6=24　24−5=19
答え 19こ

「小学教科書ワーク・
数と計算」で、
さらに れんしゅうしよう!

わくわくシール

★１日の学習がおわったら、チャレンジシールをはろう。
★実力はんていテストがおわったら、まんてんシールをはろう。

まんてんシール

チャレンジシール

教科書ワーク もくじ

教育出版版 算数2年

動画 コードを読みとって、下の番号の動画を見てみよう。

＊がついている動画は、一部他の単元の内容を含みます。

表と グラフ

もくひょう
表や グラフに
かいて、見やすく
せいりしよう。

おわったら
シールを
はろう

きほんのワーク

教科書　上 11〜15ページ　　答え　1 ページ

きほん①　表や グラフに あらわせますか。

☆ 野さいの 数を しらべましょう。

右の グラフに せいりします。
上の 絵に １つずつ しるしを
つけながら、グラフに ○を
かきましょう。

グラフに あらわすと、
数の ちがいが
くらべやすいね。

○は
下から
かくよ。

野さいの 数しらべ

○				
○				
○				
キュウリ	ナ ス	ピーマン	ダイコン	タマネギ

① **きほん①** の グラフを 見て 答えましょう。　　📖 教科書 11〜15ページ

❶ 野さいの 数を 右の
表に 書きましょう。

野さいの 数しらべ

しゅるい	キュウリ	ナ ス	ピーマン	ダイコン	タマネギ
数(こ)					

❷ いちばん 数が 多い 野さいは どれでしょうか。　　（　　　　　　　）

❸ いちばん 数が 少ない 野さいは どれでしょうか。　（　　　　　　　）

❹ ナスと タマネギでは、どちらが
何こ 多いでしょうか。　　（　　　　　　　が　　　こ 多い。）

2

おうちのかたへ　絵を 見てグラフや表にまとめることを学習します。
グラフに表すことで、多い、少ないが一目でわかります。

まとめのテスト

時間 **20** 分

とく点 　/100点

おわったら シールを はろう

1 よく出る　すきな あそびを しらべます。

1つ25〔50点〕

すきな あそび しらべ

ボールけり ボールなげ	てつぼう ボールけり	ボールなげ かくれんぼ	ボールけり ブランコ	なわとび かくれんぼ	てつぼう かくれんぼ
なわとび ボールけり	かくれんぼ てつぼう	なわとび ボールなげ	ボールなげ てつぼう	かくれんぼ ボールなげ	ブランコ かくれんぼ

❶ 人数を ○を つかって 右の
グラフに あらわしましょう。

❷ それぞれの 人数を 下の 表に
書きましょう。

すきな あそび しらべ

しゅるい	ボールけり	ボールなげ	ブランコ	かくれんぼ	なわとび	てつぼう
人数(人)	4					

すきな あそび しらべ

ボールけり	ボールなげ	ブランコ	かくれんぼ	なわとび	てつぼう

2 **1**の グラフと 表を 見て 答えましょう。

1つ10〔50点〕

❶ すきな 人が いちばん 多いのは どの
あそびでしょうか。　（　　　　　　　）

❷ すきな 人が 2番めに 少ないのは どの
あそびでしょうか。　（　　　　　　　）

❸ ボールなげが すきな 人と なわとびが すきな 人では、どちらが
何人 多いでしょうか。（　　　　　　　が　　　　　人 多い。）

❹ （　）の あてはまる ほうに ○を かきましょう。

・人数の 多い 少ないが わかりやすいのは （ グラフ・表 ）です。

・人数が わかりやすいのは （ グラフ・表 ）です。

チェック✔
□グラフを かいて、多い 少ないを しらべる ことが できたかな？
□表に あらわす ことが できたかな？

たし算 ［その1］

きほんのワーク

きほん 1 くり上がりの ない 2けたの たし算の 筆算が わかりますか。

☆ 32＋24の 計算を しましょう。

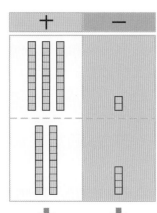

一の位どうしを たすと、　□ ＋ □ ＝ □

十の位どうしを たすと、　□ ＋ □ ＝ □

十の位どうしを たした 5は、

10が 5こで □ を あらわすから、

32＋24の 答えは、□ と □ を

あわせて 56。

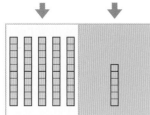

10の まとまりどうし、ばらどうしで 考えれば いいね。

・ 32＋24の 筆算の しかたを 考えましょう。

なぞりましょう。

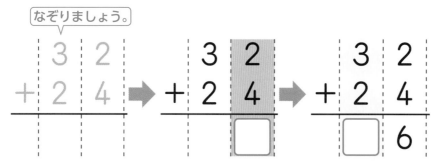

① 位を たてに そろえて 書く。

② 一の位の 計算を する。
2＋4＝□

③ 十の位の 計算を する。
3＋2＝□

32＋24＝□

位ごとに 計算を すれば いいね。

さんすうはかせ 筆算は 筆で 書かれた 計算と いう いみだよ。そろばんで 計算するのが あたりまえの 時だいに 生まれた 計算の やりかただったんだ。

1 □ と ○に あてはまる 数を 書きましょう。
教科書 19ページ**1**

① 23 ＋ 14 ＝ □
　○ 3　10 ○

② 35 ＋ 41 ＝ □
　○ 5　40 ○

2 筆算で しましょう。
教科書 19ページ**1** 22ページ**2**

① 36＋23

```
  3 6
+ 2 3
```

② 42＋13

③ 33＋44

④ 21＋55

⑤ 28＋40

⑥ 30＋26

⑦ 50＋37

⑧ 10＋60

3 いちごを、みさきさんは 25こ、こうたさんは 34こ つみました。2人 あわせて 何こ つんだでしょうか。
教科書 19ページ**1** 22ページ**2**

式

筆算

答え（　　　　　　）

4 赤い チューリップが 31本、黄色い チューリップが 40本 さいて います。あわせて 何本 さいて いるでしょうか。
教科書 23ページ**2**

式

筆算

答え（　　　　　　）

おうちのかたへ　2けたのたし算の筆算のしかたを学習します。筆算は、位を縦にそろえて計算できるので、位ごとの計算がやりやすいことを確認しましょう。

くり上がりの　ある
たし算の　筆算の
しかたを　考えよう。

おわったら
シールを
はろう

たし算 ［その2］

きほんのワーク

教科書　上 23〜26ページ　　答え　2 ページ

きほん ① くり上がりの　ある　2けたの　たし算の　筆算が　わかりますか。

⭐ 37＋25の　筆算の　しかたを　考えましょう。

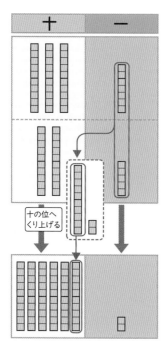

くり上がりが　あるよ。

なぞりましょう。

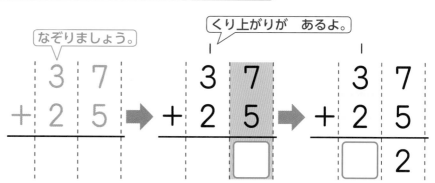

① 位を　たてに
そろえて　書く。

② 一の位の　計算を
する。

$$7＋5＝\boxed{}$$

③ 十の位の　計算を
する。

$$1＋3＋2＝\boxed{}$$

くり上げた　1

$$37＋25＝\boxed{}$$

くり上がりの　1を
わすれないように　しよう。

1 筆算で　しましょう。

教科書 23ページ ③

① 36＋18　② 16＋19　③ 24＋59　④ 15＋49

⑤ 47＋38　⑥ 29＋58　⑦ 48＋46　⑧ 27＋45

 さんすうはかせ　くり上がりが　ある　計算では　くり上げた　1を　小さく　書いて　おくと　まちがいが
ふせげるよ。筆算で　考えの　メモを　書くのは　いい　ことなんだ。

きほん2 （2けた）＋（1けた）の 筆算の しかたが わかりますか。

☆ 36＋8の 筆算の しかたを 考えましょう。

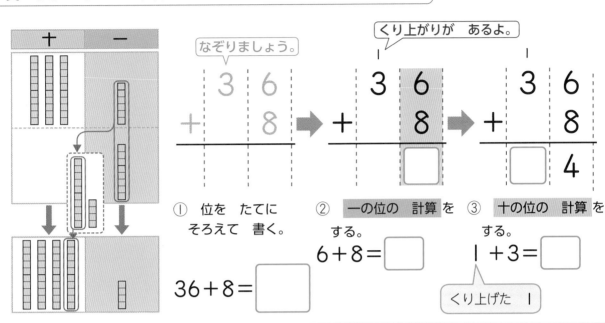

なぞりましょう。

くり上がりが あるよ。

① 位を たてに そろえて 書く。

36＋8＝ ☐

② 一の位の 計算を する。

6＋8＝ ☐

③ 十の位の 計算を する。

1＋3＝ ☐

くり上げた 1

2 筆算で しましょう。

 教科書 26ページ 4・5

① 26＋34

② 51＋19

③ 73＋17

④ 38＋22

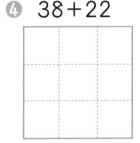

⑤ 3＋58

⑥ 27＋9

⑦ 43＋7

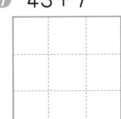

⑧ 5＋35

3 さつきさんは 色紙を 28まい もって いました。友だちから 12まい もらいました。ぜんぶで 何まいに なったでしょうか。

教科書 26ページ 4

式

答え （　　　　　　　　）

筆算

おうちのかたへ
十の位にくり上がる計算のしかたを学習します。（1けた）＋（2けた）、（2けた）＋（1けた）のように十の位に空位がある計算にとまどう場合が多いので、注意しましょう。

たし算 ［その3］

きほんのワーク

教科書　⬆27〜31ページ　答え　2ページ

もくひょう
たし算の　きまりを
知ろう。

おわったら
シールを
はろう

きほん **1**　たし算の　きまりが　わかりますか。

☆ 計算を　して　答えを　もとめましょう。

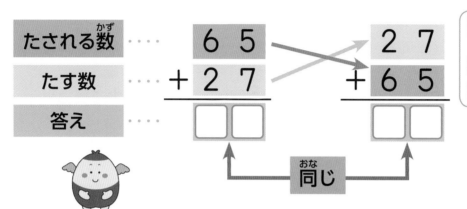

たされる数	……	6 5	2 7
たす数	……	＋2 7	＋6 5
答え	……	□□	□□

同じ

たされる数と　たす数を
入れかえて　たしても、
答えは　同じに　なるね。
65＋27＝27＋65

1 計算を　しましょう。また、たされる数と　たす数を　入れかえて　答えが
同じに　なる　ことを　たしかめましょう。

📖教科書　27ページ**6**
28ページ**9**

① 　 3 8
　＋　 5

入れかえて　計算しよう。

② 　　 8
　＋5 7

入れかえて　計算しよう。

2 同じ　答えに　なる　式を　見つけて、線で　むすびましょう。

📖教科書　27ページ**6**
28ページ**❿**

37＋21	・	・	42＋8
8＋42	・	・	12＋73
59＋16	・	・	21＋37
26＋34	・	・	34＋26
73＋12	・	・	16＋59

答えが　同じに
なるか、
計算を　して
たしかめよう。

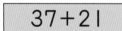おうちのかたへ　たし算では、たす順序をかえても答えは同じになることを理解しましょう。
3つの数の計算を工夫してするときなどに、役に立ちます。

れんしゅうのワーク①

できた 数

／18もん 中

おわったら
シールを
はろう

教科書 ⊞ 18〜33ページ　答え 2 ページ

1 たし算の 筆算　筆算で しましょう。

① 　45
　＋21

② 　30
　＋57

③ 　40
　＋30

④ 　27
　＋46

⑤ 　58
　＋39

⑥ 　17
　＋53

⑦ 　　7
　＋64

⑧ 　82
　＋　8

⑨ 67＋12

⑩ 34＋47

⑪ 72＋9

⑫ 26＋54

2 文しょうだい　赤い 車が 20台、青い 車が 68台 あります。車は
ぜんぶで 何台 あるでしょうか。

式

筆算

答え（　　　　　　）

3 文しょうだい　2つの 水そうに それぞれ 金魚が 19ひき、めだかが
34ひき います。あわせて 何びき いるでしょうか。

式

筆算

答え（　　　　　　）

 できるナビ　たされる数と たす数を 入れかえて 計算して、答えが 同じに なるか たしかめて
みよう！

9

れんしゅうのワーク❷

できた 数
／10もん 中

おわったら
シールを
はろう

教科書 ⏃ 18〜33ページ　答え 3ページ

1 筆算の 答え　答えが 正しければ 〇、まちがって いれば 正しい
答えを 書きましょう。

① 　　2 9
　＋1 5
　　3 4

② 　　8 8
　＋　2
　　9 0

③ 　　5 3
　＋3 6
　　9 9

④ 　　4 1
　＋4 9
　　8 0

（　　）　　（　　）　　（　　）　　（　　）

2 文しょうだい　絵を 見て 答えましょう。

 あめ　16円
 チョコレート　28円
 ガム　24円
 プリン　32円

① あめと プリンを 1つずつ 買います。
あわせて 何円に なるでしょうか。

式　　　　　　　　　　　答え（　　　　　　）

② チョコレートと ガムを 1つずつ 買います。
あわせて 何円に なるでしょうか。

式　　　　　　　　　　　答え（　　　　　　）

③ チョコレートと プリンを 1つずつ 買います。
あわせて 何円に なるでしょうか。

式　　　　　　　　　　　答え（　　　　　　）

 できるナビ　❷ おかしの ねだんを まちがえないように！
どれと どれを 買うのか、よく たしかめて 式を つくろう。

まとめのテスト

時間 **20** 分

とく点 ／100点

おわったら シールを はろう

教科書 上 18～33ページ　答え 3 ページ

1 よく出る 筆算で しましょう。

1つ6〔72点〕

① 36＋21　② 47＋52　③ 58＋20　④ 13＋49

⑤ 69＋18　⑥ 45＋25　⑦ 9＋38　⑧ 74＋6

⑨ 80＋10　⑩ 7＋23　⑪ 30＋16　⑫ 77＋19

2 ゆうきさんは 47円の けしゴムと 35円の えんぴつを 1つずつ 買います。あわせて 何円に なるでしょうか。

1つ4〔12点〕

式

筆算

答え（　　　　　　）

ふろくの「計算練習ノート」2～4ページをやろう！

3 まちがいを 見つけて、正しく 計算しましょう。

1つ8〔16点〕

①
```
   4 8
 + 3 7
 ─────
   7 5
```
➡

②
```
   5 9
 +   4
 ─────
   9 9
```
➡

チェック ✔
☐ くり上がりの ある たし算の 筆算が できるかな？
☐ もんだいから たし算の 式を つくって、答えを 出せるかな？

11

ひき算 [その1]

もくひょう

くり下がりの　ない
ひき算の　筆算の
しかたを　考えよう。

おわったら
シールを
はろう

きほんのワーク

教科書　　上 34～39ページ　　答え　3 ページ

きほん 1 くり下がりの　ない　2けたの　ひき算の　筆算が　わかりますか。

☆ 37−24の　計算を　しましょう。

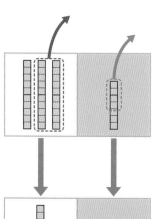

一の位どうしを　ひくと、☐ − ☐ = ☐

十の位どうしを　ひくと、☐ − ☐ = ☐

十の位どうしを　ひいた　1は、

10が　1こで　☐　と　いう　いみだから、

37−24の　答えは、☐ と ☐ を

あわせて　13。

> 10の　まとまりどうし、
> ばらどうしで
> ひけば　いいね。

・ 37−24の　筆算の　しかたを　考えましょう。

なぞりましょう。

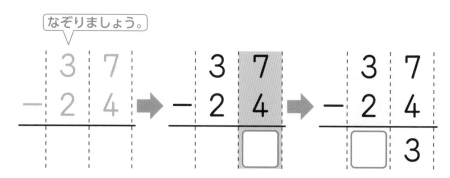

① 位を　たてに　　② <mark>一の位の　計算</mark>　　③ <mark>十の位の　計算</mark>
　そろえて　書く。

　　　　　　　　　7−4 = ☐　　　　3−2 = ☐

37−24 = ☐

> ひき算の　筆算も
> 同じ　位どうしで
> 計算すれば　いいね。

さんすうはかせ　筆算では　「位」を　そろえて　書く　ことが　大切だよ。ひき算も　たし算と
同じように　一の位から　じゅんに　計算を　すすめて　いくよ。

① □と ○に あてはまる 数を 書きましょう。　教科書 35ページ１

❶ 67 － 25 = □

60 ○ ○ 5

❷ 58 － 12 = □

○ 8 10

② 筆算で しましょう。　教科書 35ページ１ 38ページ２

❶ 45－13

```
  4 5
－ 1 3
```

❷ 86－22

❸ 96－35

❹ 78－45

❺ 53－20

❻ 65－50

❼ 86－16

❽ 33－23

③ クッキーが 28まい あります。13まい 食べると、のこりは 何まいに
なるでしょうか。　教科書 35ページ１

式

筆算

答え (　　　　　　)

④ えんぴつが 45本 ありました。この うち 25本を くばりました。
のこりは 何本でしょうか。　教科書 39ページ❸

式

筆算

答え (　　　　　　)

ひき算 ［その2］

もくひょう
くり下がりの ある
ひき算の 筆算の
しかたを 考えよう。

おわったら
シールを
はろう

きほんのワーク

教科書 ［上 39〜44ページ］　　答え 4 ページ

きほん 1 くり下がりの ある 2けたの ひき算の 筆算が わかりますか。

☆ 35−19の 筆算の しかたを 考えましょう。

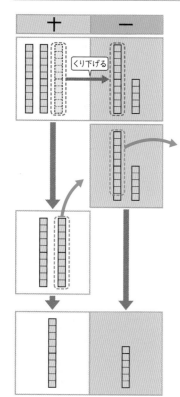

5から 9は ひけない。
十の位から 1 くり下げる。

くり下がりが あるよ。

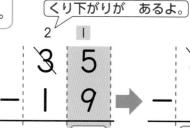

① 位を たてに
そろえて 書く。

② 一の位の 計算

③ 十の位の 計算
1 くり下げたので、

1 5−9= ☐　　　2−1= ☐

35−19= ☐

くり下げた あとの
数字を 小さく
書いて おくと いいね。

1 筆算で しましょう。　　　📖教科書 39ページ❸

❶ 63−35

❷ 74−19

❸ 95−57

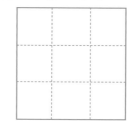

❹ 62−28

❺ 85−59

❻ 73−46

❼ 31−13

❽ 86−47

さんすうはかせ 「−」の 記ごうは、「ない」や 「ひく」を いみする マイナスの 頭文字 「m」が
へんかして できたと いわれて いるよ。

⭐ つぎの 筆算の しかたを 考えましょう。

❶ 63−59

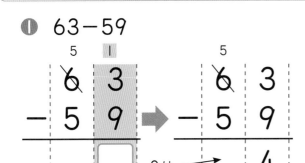

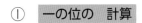

① | 一の位の 計算

13−9=☐

② | 十の位の 計算

5−5=☐

63−59=☐

❷ 40−7

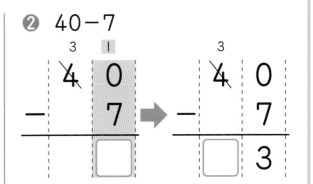

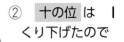

① | 一の位の 計算

10−7=☐

② | 十の位 は | くり下げたので

☐

40−7=☐

2 筆算で しましょう。　　　📖 教科書 44ページ④

❶ 70−38　　❷ 44−35　　❸ 80−76　　❹ 50−43

 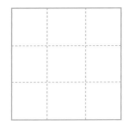  

3 筆算で しましょう。　　　📖 教科書 44ページ⑤

❶ 61−7　　❷ 97−8　　❸ 70−5　　❹ 30−6

4 はるさんは 60円 もって いて、52円の けしゴムを 買います。
のこりは 何円に なるでしょうか。　　　📖 教科書 44ページ⑨

式

答え （　　　　　）

筆算

おうちのかたへ　くり下がりのある２けたのひき算を学習します。くり下がりを忘れる間違いが多く見られますので、くり下げた後の数字を元の数字の上に小さくメモする習慣を身につけましょう。

15

 **❸ ひき算**

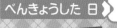 べんきょうした 日 ▶ 　月　日

ひき算［その3］

きほんのワーク

もくひょう
たし算と ひき算の
かんけいを 知ろう。

おわったら
シールを
はろう

教科書	㊤45ページ	答え	4ページ

きほん ① たし算と ひき算の かんけいが わかりますか。

☆ 計算を して 答えを たしかめましょう。

ひかれる数 ‥‥	5 2	3 5
ひく数 ‥‥	− 1 7	+ 1 7
答え ‥‥	③ ⑤	⑤ ②

ひき算の 答えは
たし算で
たしかめられるね。

★たし算と ひき算の かんけい

ひき算の 答えに ［　　　　］を

たすと、［　　　　　　　］に なります。

ひかれる数　ひく数　答え

$$52 - 17 = 35$$

$$35 + 17 = 52$$

1 計算を して、答えの たしかめを しましょう。 📖教科書 45ページ❻

①
6 0	［　　］
− 2 7	+ 2 7
［　　］	［　　］

②
4 1	［　　］
− 　6	+ 　6
［　　］	［　　］

③ 72−45

筆算　　　　たしかめ

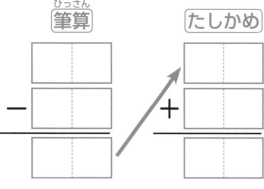

④ 65−8

筆算　　　　たしかめ

おうちのかたへ　ひき算の答えにひく数をたすと、ひかれる数になることを学習します。
このひき算のきまりを使って、ひき算の答えのたしかめを行う習慣を身につけましょう。

れんしゅうのワーク①

できた 数

/18もん 中

おわったら シールを はろう

教科書 ⊕ 34~47ページ 答え 4 ページ

1 ひき算の 筆算 筆算で しましょう。

①
```
  3 7
− 1 4
```

②
```
  5 9
− 2 0
```

③
```
  8 8
− 2 8
```

④
```
  4 2
− 1 7
```

⑤
```
  6 0
− 1 6
```

⑥
```
  7 1
− 6 8
```

⑦
```
  9 0
−   3
```

⑧
```
  2 0
− 1 1
```

⑨ 63−33

⑩ 56−29

⑪ 44−37

⑫ 85−7

2 文しょうだい しょうさんは あめを 36こ もって いました。
この うち 8こ 食べました。のこりは 何こでしょうか。

式

答え (   )

筆算

3 文しょうだい こはるさんは クリップを 55こ もって いました。
この うち 28こ あげました。のこりは 何こでしょうか。

式

答え (   )

筆算

 できるナビ ひき算の 答えに ひく数を たすと、ひかれる数に なるね！
この ことを つかって、答えの たしかめを して おこう。

れんしゅうのワーク❷

できた 数

／10もん 中

おわったら
シールを
はろう

教科書 ㊤ 34〜47ページ 　答え 5ページ

1 筆算の 答え　答えが 正しければ 〇、まちがって いれば 正しい 答えを 書きましょう。

❶
```
  5 5
- 3 8
-----
  2 7
```
（　　　　）

❷
```
  8 0
-   4
-----
  4 0
```
（　　　　）

❸
```
  6 9
- 2 3
-----
  3 6
```
（　　　　）

❹
```
  7 2
- 6 5
-----
    7
```
（　　　　）

2 文しょうだい　絵を 見て 答えましょう。

トマト 46円　　ナス 53円　　ピーマン 34円　　ニンジン 77円

❶ トマトと ナスを くらべます。
　どちらが 何円 高いでしょうか。

式　　　　　　　　　　答え（＿＿＿＿ が ＿＿ 円 高い。）

❷ ななさんは 40円 もって います。ピーマンを 買います。
　おつりは 何円でしょうか。

式　　　　　　　　　　答え（　　　　　）

❸ としさんは ニンジンを 買うのに 13円 足りません。
　としさんは 何円 もって いますか。

式　　　　　　　　　　答え（　　　　　）

できるナビ　くり下がりの ある 2けたの ひき算の 筆算では、
　　　　　　くり下げた あとの 数字を 小さく 書いて おこう！

まとめのテスト

時間 20分

とく点

/100点

おわったら
シールを
はろう

教科書 ㊤ 34〜47ページ 答え 5ページ

1 よく出る 筆算で しましょう。

1つ6〔48点〕

① 77−66　② 59−50　③ 41−16　④ 96−57

⑤ 54−49　⑥ 26−8　⑦ 70−61　⑧ 83−5

2 ひき算の 答えの たしかめに なる たし算の 式を 見つけて、線で
むすびましょう。

1つ6〔18点〕

62−21　　75−40　　34−7

35+40　　27+7　　41+40　　41+21

3 みかんが 32こ、りんごが 26こ あります。
どちらが 何こ 多いでしょうか。

1つ6〔18点〕

式

答え（＿＿＿＿＿ が ＿＿ こ 多い。）

筆算

ふろくの「計算練習ノート」5〜7ページをやろう！

4 まちがいを 見つけて、正しく 計算しましょう。

1つ8〔16点〕

①
```
  8 0
− 3 2
─────
  3 8
```
➡

②
```
  7 4
−   5
─────
  2 4
```
➡

 チェック ✓
□ くり下がりの ある ひき算の 筆算が できるかな？
□ もんだいから ひき算の 式を つくって、答えを 出せるかな？

④ 長さ

長さ［その1］

もくひょう
長さの はかり方と あらわし方、長さの たんいを 知ろう。

おわったら シールを はろう

きほんのワーク

教科書 ㊤ 48〜56ページ 答え 5ページ

きほん 1 センチメートルを つかって 長さを あらわせますか。

⭐ テープの 長さを はかりましょう。

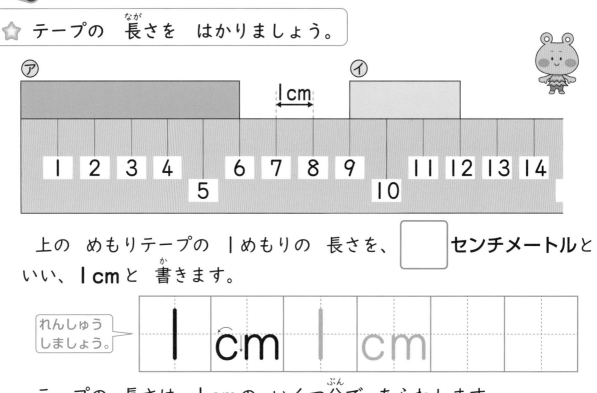

上の めもりテープの 1めもりの 長さを、□ センチメートルと いい、1cm と 書きます。

れんしゅう しましょう。 1 cm 1 cm

テープの 長さは、1cm の いくつ分で あらわします。

㋐の テープの 長さは 1cm の □ こ分で 6cm です。

㋑の テープの 長さは 1cm の 3こ分で □ cm です。

---

1 長さは、それぞれ 何cm でしょうか。

📖教科書 49ページ1

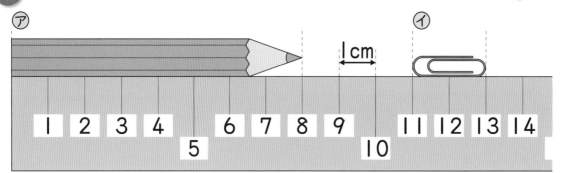

㋐ (   )   ㋑ (   )

 さんすうはかせ まっすぐな 線を 直線、まがった 線を 曲線と いうよ。（右の 図）

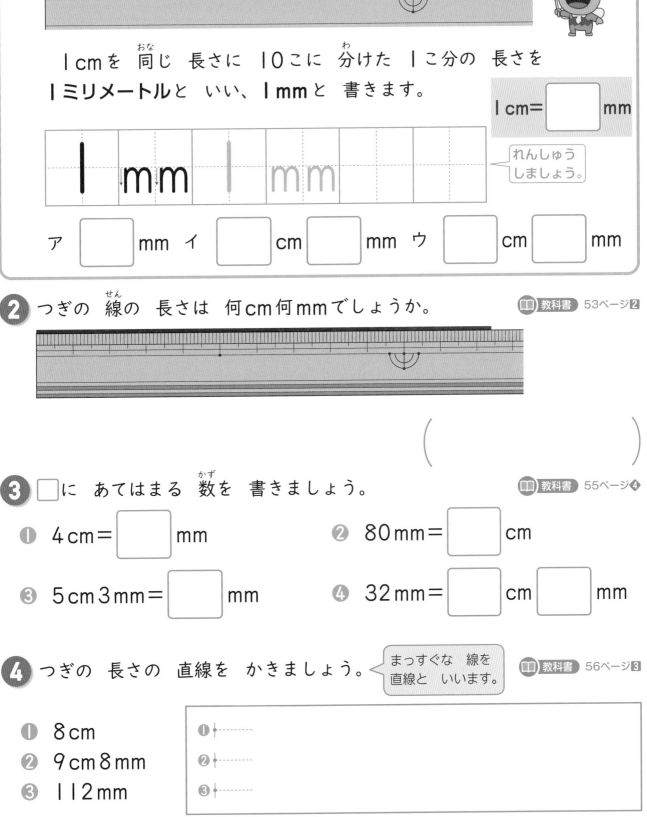

☆ ものさしの 左はしから、ア、イ、ウまでの 長さは、それぞれ どれだけでしょうか。

1cmを 同じ 長さに 10こに 分けた 1こ分の 長さを **1ミリメートル**と いい、**1mm**と 書きます。

1cm = ☐ mm

れんしゅう しましょう。

1mm 1mm

ア ☐ mm イ ☐ cm ☐ mm ウ ☐ cm ☐ mm

2 つぎの 線の 長さは 何cm何mmでしょうか。 📖教科書 53ページ**2**

( )

3 ☐に あてはまる 数を 書きましょう。 📖教科書 55ページ**4**

❶ 4cm = ☐ mm ❷ 80mm = ☐ cm

❸ 5cm3mm = ☐ mm ❹ 32mm = ☐ cm ☐ mm

4 つぎの 長さの 直線を かきましょう。

まっすぐな 線を 直線と いいます。 📖教科書 56ページ**3**

❶ 8cm ❶ ┣----------

❷ 9cm8mm ❷ ┣----------

❸ 112mm ❸ ┣--------

おうちのかたへ　長さのはかり方、cm、mmの単位を学習します。cmとmmを混同するお子さんが多く見られます。1cm＝10mmであることをきちんと理解しましょう。

長さ [その2]

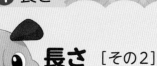

もくひょう
長さの　計算の
しかたを　知ろう。

おわったら
シールを
はろう

きほん 1　長さの　計算を　する　ことが　できますか。

☆ ㋐の　線の　長さと、㋑の　線の　長さを　くらべましょう。

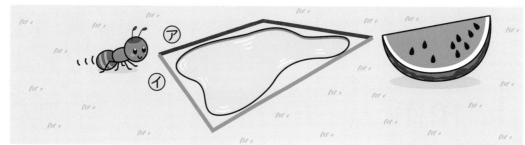

● ㋐の　線の　長さは　何cmでしょうか。

□ cm＋ □ cm＝ □ cm

 あわせた　長さは
たし算で
計算できるよ。

❷ ㋑の　線の　長さは　何cm何mmでしょうか。

□ cm □ mm＋ □ cm＝ □ cm □ mm

❸ ㋐の　線と　㋑の　線では、長さの　ちがいは　どれだけでしょうか。

□ cm □ mm− □ cm＝ □ cm □ mm

1 □に　あてはまる　数を　書きましょう。　　　　📖 教科書 57ページ❹

● 2cm＋4cm5mmの　計算は、同じ　たんいの　ところを　たして、

2cm＋4cm＝6cmだから、2cm＋4cm5mm＝ 6 cm 5 mm

❷ 8mm−2mm＝6mmだから、1cm8mm−2mm＝ □ cm □ mm

2 計算を　しましょう。　　　　📖 教科書 57ページ❽

● 6cm＋1cm　　　　　　　　　　❷ 7mm−5mm

❸ 8cm2mm＋4mm　　　　　　　　❹ 9cm6mm−3cm

おうちのかたへ　長さの計算の学習をします。cmとmmの単位ごとに計算していくことを理解しましょう。
計算にとどまらず、実際に線をひいて、長さの量感を養っておくことが大切です。

教科書　⊕48〜60ページ　答え　6ページ

1 よく出る 下の ものさしの 左はしから、ア、イまでの 長さは、それぞれ どれだけでしょうか。

1つ5〔10点〕

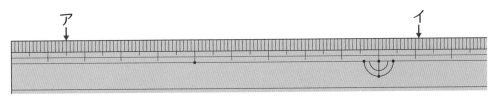

ア (　　　　　　　)　　　　イ (　　　　　　　)

2 □に あてはまる 数を 書きましょう。

1つ6〔30点〕

① 7cmは 1cmの □ こ分の 長さです。

② 9mmは 1mmの □ こ分の 長さです。

③ 6cmと 5mmを あわせた 長さは、□cm □mmです。

また、その 長さは □mmです。

3 ( )に あてはまる 長さの たんいを 書きましょう。

1つ5〔10点〕

① 教科書の あつさ 5 (　　)　　② クレヨンの 長さ 7 (　　)

4 どちらが 長いでしょうか。

1つ5〔10点〕

① (58mm、6cm)　　② (4cm、43mm)

5 計算を しましょう。

1つ10〔40点〕

① 5cm+4cm　　② 13cm-8cm

③ 5mm+7cm2mm　　④ 8cm4mm-2mm

100より 大きい 数 [その1]

もくひょう
100より 大きい
数の よみ方や
書き方を 知ろう。

おわったら
シールを
はろう

きほんのワーク

教科書 ⨂ 62〜66ページ　　答え 6ページ

きほん ①　100より 大きい 数の 書き方が わかりますか。

☆ 色紙は 何まい あるでしょうか。数字で 書きましょう。

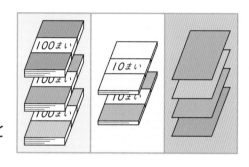

① 100を ☐ こ あつめた 数を
三百（さんびゃく）と いいます。三百と 二十四を
あわせた 数を、 三百二十四 と
いいます。

② 三百二十四は、数字で ☐ と
書きます。

答え 324まい

百の位（くらい）	十の位	一の位
3	2	4

---

① 何本 あるでしょうか。　　　　　　📖教科書 63ページ①

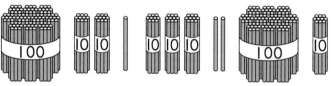

（　　　　　　）

② つぎの 数を よみましょう。　　　📖教科書 65ページ②

❶ 147　　　　　❷ 382　　　　　❸ 759

（　　　）（　　　）（　　　）

③ 100を 4ことと、10を 7ことと、1を 8こ あわせた 数を 数字で
書きましょう。　　　📖教科書 65ページ❸

（　　　　　　）

さんすうはかせ　1が 10こ あつまると 「10」と いう まとまりに なり、
10が 10こ あつまると 「100」と いう まとまりに なるよ。

☆ 何円 あるでしょうか。

10円玉は あるかな?

100円玉が ▢ こ、10円玉が ▢ こ、1円玉が ▢ こ。

百の位	十の位	一の位
▢	▢	▢

603の 0は 10が 0こと いう いみだね。

あわせて 六百三で、
数字で 603と 書きます。　答え 603円

4 何こ あるでしょうか。　📖 教科書 66ページ2

100こ　100こ　100こ　10こ 10こ 10こ 10こ
10こ 10こ 10こ 10こ

(　　　　　)

5 つぎの 数を よみましょう。　📖 教科書 66ページ5

① 201　　② 480　　③ 550

(　　　)　(　　　)　(　　　)

6 ▢に あてはまる 数を 書きましょう。　📖 教科書 66ページ6

① 100を 7こと、1を 8こ あわせた 数は ▢ です。

② 100を 5こと、10を 3こ あわせた 数は ▢ です。

③ 602は、100を ▢ こと、1を ▢ こ あわせた 数です。

④ 970は、100を ▢ こと、10を ▢ こ あわせた 数です。

100より 大きい 数 [その2]

もくひょう
数の 大小の
あらわし方や、数の線の
見方を 知ろう。

おわったら
シールを
はろう

きほんのワーク

教科書 ⊕67～69、73ページ　答え 6ページ

きほん 1 数の 大小の あらわし方が わかりますか。

☆ 487と 493の 数の 大きさを くらべましょう。

百の位	十の位	一の位
4	8	7
4	9	3

十の位の 数字を
見れば 数の
大小が わかるね。

数の 大小は、＞、＜の しるしを つかって あらわします。

◎ □に あてはまる ことばや しるしを 書きましょう。

487は 493より 小さい。　　　487 □ 493

493は 487より □。　　　493 ＞ 487

---

1 □に あてはまる ＞か ＜の しるしを 書きましょう。　📖教科書 67ページ❼

❶ 254 □ 425　　　　❷ 561 □ 516

❸ 602 □ 620　　　　❹ 804 □ 808

❺ 324 □ 234

❻ 102 □ 98

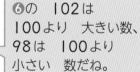

❻の 102は
100より 大きい数、
98は 100より
小さい 数だね。

---

2 つぎの カードの 数の 大小を くらべて、□に あてはまる ＞か
＜の しるしを 書きましょう。　📖教科書 67ページ❼

❶ 80 □ 70＋20　　　　❷ 90－50 □ 30

数の線の ことを 「数直線」とも いうよ。数は 数直線の 上に あらわす ことが
できるんだ。数直線では、右へ いくほど 数が 大きく なるよ。

☆　下の　数の線を　見て　答えましょう。

0　　100　　200　　300　　400　　500　　600　　700　　800　　900

❶　いちばん　小さい　1めもりは　□　を　あらわして　います。

❷　上の　□に　あてはまる　数を　書きましょう。

❸　つぎの　数を　あらわす　めもりに　↑を　書きましょう。
　　⑦　600より　50　大きい　数　　④　900より　100　小さい　数

3 □に　あてはまる　数を　書きましょう。　　📖 教科書 69ページ❾

❶
698　699　□　701　702　□　704　705　706　□　708

❷
880　　885　　□　　895　　□　□　910　□

4 536に　ついて、つぎの　□に　あてはまる　数を　書きましょう。
📖 教科書 73ページ❽

❶　100を　□こと、10を　□こと、1を　□こ　あわせた　数

❷　百の位の　数字が　□で、十の位の　数字が　□で、

　　一の位の　数字が　□の　数

❸　536より　1　小さい　数は　□です。

❹　536より　10　大きい　数は　□です。

❺　536より　100　小さい　数は　□です。

ほかの　数も、いろいろな　見方で　あらわしてみよう。

100より 大きい　数 [その3]

もくひょう
100より 大きい 数の
しくみや、何十、何百の
計算の しかたを 知ろう。

おわったら
シールを
はろう

きほんのワーク

教科書 ⊕ 70〜75ページ　　答え 7ページ

きほん1 10を あつめた 数や、千と いう 数が わかりますか。

☆ □に あてはまる 数を 書きましょう。

❶ 10を 13こ あつめた 数は いくつでしょうか。

10円玉が 10こで
100円に なるね。

10が 13こ 〈 10が □こ → 100
　　　　　　10が 3こ → 30 〉 □

❷ 100を 10こ あつめた 数を
<ruby>千<rt>せん</rt></ruby>と いい、  1000 と 書きます。

1000は 999より □ 大きい 数です。

100 100 100 100 100
100 100 100 100 100
↓
1000

1 □に あてはまる 数を 書きましょう。　　📖教科書 70ページ5・6
71ページ7

❶ 10を 34こ あつめた 数は □ です。

❷ 10を 70こ あつめた 数は □ です。

❸ 540は 10を □ こ あつめた 数です。

❸は
540 〈 500→10が □こ 〉 10が
　　　 40→10が □こ 〉 □こ

❹ 800は 10を □ こ あつめた 数です。

❺ 1000は 900より □ 大きい 数です。

さんすうはかせ　1<ruby>時間<rt>じかん</rt></ruby>は 60<ruby>分<rt>ぷん</rt></ruby>、1分は 60<ruby>秒<rt>びょう</rt></ruby>だよ(3年生で ならうよ)。
秒と 分は 60ごとに よび方が かわるよ。

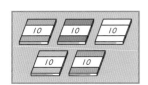 **きほん2** 何十、何百の 計算の しかたが わかりますか。

☆ 下の 絵を 見て 計算を しましょう。

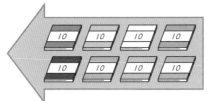

❶ 50＋80＝ □

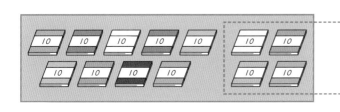

❷ 130－40＝ □

 10の まとまりが 何こに なるかを 考えよう。

10の まとまりで 考えると、
❶は 5＋8＝13
❷は 13－4＝9 に なるね。

2 計算を しましょう。　📖 教科書 74ページ**9・10**

❶ 40＋70＝ □ 　　❷ 80＋60＝ □

❸ 110－30＝ □ 　　❹ 150－90＝ □

3 計算を しましょう。　📖 教科書 75ページ**11**

❶ 200＋300＝ □ 　　❷ 600－500＝ □

❸ 700＋200＝ □ 　　❹ 800－500＝ □

4 計算を しましょう。　📖 教科書 75ページ**12**

❶ 410＋50＝ □ 　　❷ 870－40＝ □

❸ 700＋300＝ □ 　　❹ 1000－200＝ □

❺ 600＋10＝ □ 　　❻ 590－90＝ □

おうちのかたへ 3けたの数や千については、お金におきかえて考えると理解しやすいようです。
何十、何百の計算も、紙のたばやお金などの具体物で考えるとよいでしょう。

29

れんしゅうのワーク

教科書 ⊕ 62～77ページ　答え 7 ページ

できた 数
　　　／9もん 中

おわったら
シールを
はろう

1 数の 大小　2年生の 3クラスで おりづるを 作って います。
今日までに、1組は 253羽、2組は 249羽、そして 3組は 257羽
作りました。おりづるの 数の 多い じゅんに、クラスの 名前を
書きましょう。

(　　　→　　　→　　　)

2 数の しくみ　はるかさんと お姉さんが ちょ金を して います。

① はるかさんの ちょ金ばこには、10円玉が 53こ 入って います。
ぜんぶで 何円でしょうか。
(　　　　　　　)

② お姉さんの ちょ金ばこにも、10円玉だけが 入って います。
ぜんぶで 780円に なるそうです。10円玉は 何こでしょうか。
(　　　　　　　)

3 千　100まいで 1たばの おり紙が、8たば あります。

① おり紙は ぜんぶで 何まいでしょうか。
(　　　　　　　)

② あと 何まいで 1000まいに なるでしょうか。(　　　　　　　)

4 何十、何百の 計算　200円の ものさしと 80円の けしゴムと 680円の
ふでばこが あります。

① ものさしと けしゴムを 1つずつ 買うと、何円に なるでしょうか。
式 200+80=□　　　答え (　　　　　)

② ふでばこと けしゴムの ねだんの ちがいは どれだけでしょうか。
式 680-80=□　　　答え (　　　　　)

できるナビ　何十、何百の たし算、ひき算は、10や 100の まとまりが 何こに なるかを 考えて、計算を するんだね！

まとめのテスト

教科書　⊕ 62〜77ページ　　答え　7 ページ

時間 **20**分　とく点 /100点　おわったら シールを はろう

1 よく出る いくつでしょうか。数字で 書きましょう。また、百の位の 数字は 何でしょうか。

1つ5〔20点〕

❶

数字 （　　　　　　　）

百の位の 数字 （　　　　　）

❷

数字 （　　　　　　　）

百の位の 数字 （　　　　　）

2 □に あてはまる ＞か ＜の しるしを 書きましょう。

1つ5〔15点〕

❶ 275 □ 357　　❷ 487 □ 478　　❸ 99 □ 160

3 つぎの 数を 書きましょう。

1つ10〔30点〕

❶ 990より 10 大きい 数　（　　　　　　）

❷ 10を 85こ あつめた 数　（　　　　　　）

❸ 100を 5こと、10を 1こと、1を 7こ あわせた 数　（　　　　　　）

4 ↑の めもりが あらわす 数を 書きましょう。

1つ5〔35点〕

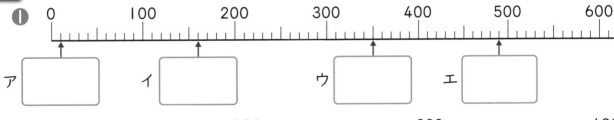

ふろくの「計算練習ノート」8〜9ページをやろう！

□ 100より 大きい 数の しくみが わかったかな？
□ 数の線の 見方が わかったかな？

学びのワーク

教科書　㊤78〜81ページ　　答え　7ページ

きほん 1　図に あらわして もんだいが とけますか。

⭐ ①、②、③の じゅんに 図を かいて 考えましょう。

❶ 赤えんぴつが 13本、青えんぴつが 6本 あります。あわせて 何本 あるでしょうか。

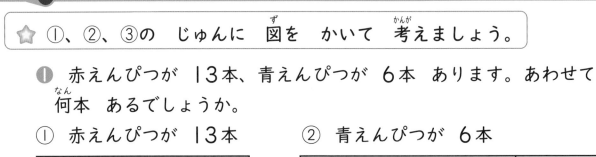

① 赤えんぴつが 13本　　赤えんぴつ 　　本

② 青えんぴつが 6本　　赤えんぴつ 13本　青えんぴつ 　　本

③ あわせて 何本

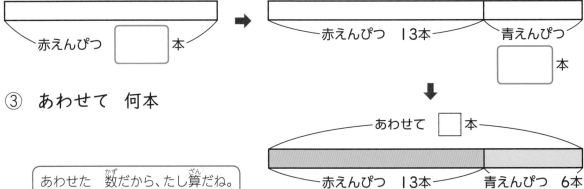

あわせて 　　本
赤えんぴつ 13本　　青えんぴつ 6本

あわせた 数だから、たし算だね。

式 　　　　　＝　　　　　　答え 　　　本

❷ あめと ガムが あわせて 16こ あります。この うち 7こが あめです。ガムは 何こでしょうか。

① あわせて 16こ

あわせて 　　こ

② あめが 7こ

あわせて 16こ
あめ 　　こ

③ ガムは 何こ

あわせて 16こ
あめ 7こ　　ガム 　　こ

右の 図から、ガムの 数は ひき算で 計算できるね。

式 　　　　　＝　　　　　　答え 　　　こ

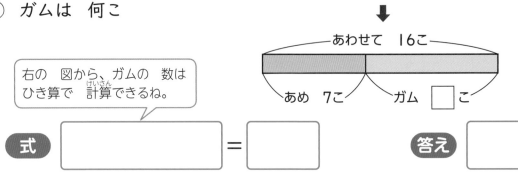

さんすうはかせ　図に あらわして もんだいを 考えると わかりやすく なるよ。
このような 図を テープ図と いうよ。

1 男の子が 19人 います。女の子が 22人 います。あわせて 何人 いるでしょうか。

教科書 81ページ 3

あわせて ☐人

男の子 ☐人　　女の子 ☐人

筆算

式　　　　　答え（　　　）

2 大きい あめと 小さい あめが あわせて 30こ あります。この うち 17こが 大きい あめです。小さい あめは 何こ あるでしょうか。

教科書 81ページ 3

あわせて ☐こ

大きい あめ ☐こ　　小さい あめ ☐こ

筆算

式　　　　　答え（　　　）

3 りんごが 5こ、みかんが 9こ あります。ちがいは 何こでしょうか。

教科書 80ページ 2 81ページ 3

りんご ☐こ

ちがい ☐こ

みかん ☐こ

式

答え（　　　）

4 チョコレートは 130円です。クッキーは 70円です。ちがいは 何円でしょうか。

教科書 80ページ 2 81ページ 3

チョコレート ☐円

ちがい ☐円

クッキー ☐円

式

答え（　　　）

おうちのかたへ 図をかいて考えるとわかりやすくなることを体感しましょう。初めてかくテープ図なので、ここでは数字の穴埋め形式にしてあります。（最終的には自力でかけるようにします。）

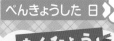

たし算と　ひき算 ［その1］

きほんのワーク

教科書　⊕ 82〜86ページ　答え　8ページ

もくひょう
百の位に　くり上がる
たし算の　筆算を
学ぼう。

おわったら
シールを
はろう

きほん ①　くり上がりが　１回　ある　たし算が　できますか。

☆ 73＋54の　筆算の　しかたを　考えましょう。

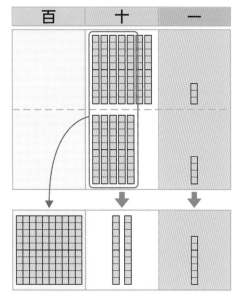

百	＋	－

なぞりましょう。

```
  7 3        7 3        7 3
+ 5 4   →  + 5 4   →  + 5 4
                □        □ □ 7
```

① 位を　たてに
そろえて　書く。

② 一の位の　計算

$3+4=\boxed{}$

③ 十の位の　計算

$7+5=\boxed{}$

百の位に
１ くり上げる。

$73+54=\boxed{}$

1　筆算で　しましょう。

📖教科書 83ページ1

①
```
  4 1
+ 7 6
```

②
```
  2 6
+ 9 3
```

③
```
  7 3
+ 3 2
```

④
```
  5 4
+ 7 0
```

2　筆算で　しましょう。

📖教科書 83ページ1

① 36＋92　② 73＋85　③ 43＋64　④ 30＋89

さんすうはかせ

「＋」の　記ごうは、古だいローマの　ことばだった　ラテン語の　「…と　…」を
いみする　エ(et)が　へんかした　ものだと　いわれて　いるよ。

☆ 89＋63の 筆算の しかたを 考えましょう。

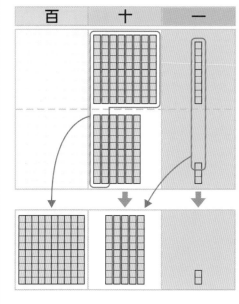

なぞりましょう。

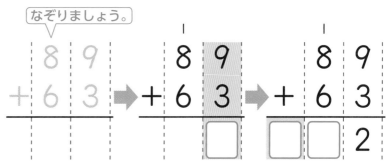

① 位を たてに そろえて 書く。

② 一の位の 計算

$9+3=\boxed{}$

十の位に
1 くり上げる。

③ 十の位の 計算

$1+8+6=\boxed{}$

百の位に
1 くり上げる。

$89+63=\boxed{}$

---

3 筆算で しましょう。　　📖教科書 85ページ2

① 68＋75　　② 49＋84　　③ 62＋78　　④ 53＋77

---

4 筆算で しましょう。　　📖教科書 86ページ3

①
```
  4 7
+ 5 8
```

②
```
  8 3
+ 1 7
```

③
```
  9 5
+   9
```

④
```
    2
+ 9 8
```

---

5 筆算で しましょう。　　📖教科書 86ページ4

①
```
  3 7 5
+     9
```

②
```
  6 2 8
+   3 6
```

③
```
  4 1 7
+   6 3
```

おうちのかたへ　百の位にくり上がる計算、(3けた)+(1けた)、(3けた)+(2けた)の計算のしかたを学習します。十の位に空位がある計算にとまどう場合があるので、注意しましょう。

たし算と ひき算 [その2]

もくひょう
百の位から
くり下がる ひき算の
筆算を 学ぼう。

おわったら
シールを
はろう

きほんのワーク

教科書 ①87〜90ページ　答え 9ページ

きほん 1 くり下がりが 1回 ある ひき算が できますか。

☆ 134−52の 筆算の しかたを 考えましょう。

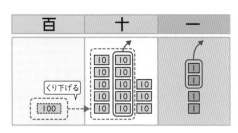

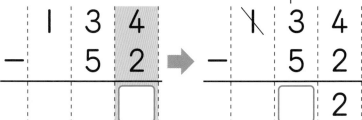

百の位から
十の位に
1 くり下げるよ。

① 一の位の 計算

$4−2=\boxed{}$

② 十の位の 計算
3から 5は ひけないので、
百の位から 1 くり下げる。

$13−5=\boxed{}$

ちゅうい
ひけない ときは、
上の 位から 1
くり下げて ひきます。

$134−52=\boxed{}$

位を
そろえて
書こうね。

1 筆算で しましょう。
教科書 87ページ 5

①
```
  1 4 8
−   6 5
```

②
```
  1 2 6
−   7 3
```

③
```
  1 1 7
−   8 0
```

2 筆算で しましょう。
教科書 87ページ 5

① 136−54

② 122−91

③ 155−65

さんすうはかせ ひき算では 「−」と いう 記ごうを つかうよね。「−」の 記ごうも 「+」の 記ごうも、ドイツの 数学しゃ ウィッドマンと いう 人が つかいはじめたんだ。

☆ つぎの 計算を 筆算で しましょう。

❶ 145−78

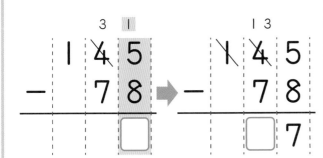

① 一の位の 計算

十の位から
1 くり下げる。

15−8= ☐

② 十の位の 計算

百の位から
1 くり下げる。

13−7= ☐

145−78= ☐

❷ 103−67

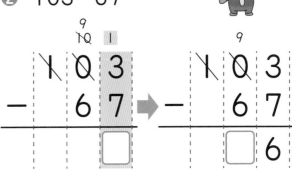

① 一の位の 計算

百の位から
じゅんに くり下げる。

13−7= ☐

② 十の位の 計算

1 くり下げたので 9

9−6= ☐

103−67= ☐

❸ 筆算で しましょう。　📖 教科書 89ページ 6

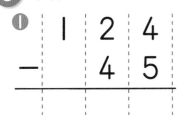
❶ 124 − 45

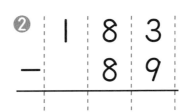
❷ 183 − 89

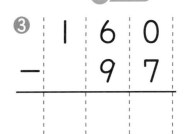
❸ 160 − 97

❹ 筆算で しましょう。　📖 教科書 89ページ 7

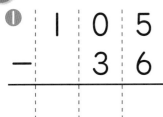
❶ 105 − 36

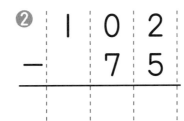
❷ 102 − 75

❸ 101 − 28

❺ 筆算で しましょう。　📖 教科書 89ページ 6・7

❶ 134−58

❷ 130−46

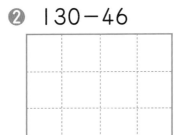

❸ 104−86

おうちのかたへ 百の位からくり下がりのあるひき算の筆算のしかたを学習します。
ひかれる数の十の位が0の場合のくり下がりに、特に注意しましょう。

37

たし算と ひき算 ［その3］

もくひょう
ひき算の 筆算と、
3つの 数の
たし算を 学ぼう。

おわったら
シールを
はろう

教科書　上91〜93ページ　　答え　9ページ

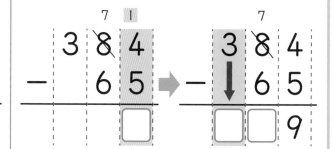

きほん1 いろいろな 形の ひき算が わかりますか。

☆ つぎの 計算を 筆算で しましょう。

① 105 − 7

```
  9
 ⁄10  1
 ⁄1 ⁄0 5
−    7
─────
    □
```
→
```
     9
 ⁄1 ⁄0 5
−    7
─────
   □ 8
```

① 一の位の 計算

百の位から
じゅんに くり下げる。

② 十の位の 計算

十の位は 9に
なるので、そのまま
下に おろす。

15 − 7 = □

105 − 7 = □

② 384 − 65

```
   7  1
 3 ⁄8 4
−  6 5
─────
    □
```
→
```
   7
 3 ⁄8 4
−  6 5
─────
 □ □ 9
```

① 一の位の 計算

十の位から
1 くり下げる。

② 十の位の 計算

十の位を 計算して、
さいごに 百の位の
3を おろす。

14 − 5 = □　　7 − 6 = □

384 − 65 = □

1 筆算で しましょう。　　📖教科書 91ページ 8・9

①
```
  1 0 4
−   9 7
```

②
```
  1 0 3
−     9
```

③
```
  3 6 5
−   4 6
```

2 筆算で しましょう。　　📖教科書 91ページ 8・9

① 100 − 92

② 572 − 8

③ 780 − 35

さんすうはかせ 十の位が 0で くり下げられない ときは、百の位から じゅんに くり下げれば
いいね。これからも、このような 形の 計算は よく あるよ。

☆ 26+8+2を くふうして 計算しましょう。

★2とおりの しかたで 計算してみましょう。

① 前から じゅんに たす。

26+8=34

34+2= ☐

② 8と 2を まとめて たす。

8+2=10

26+10= ☐

②のように 計算すると、計算しやすく なる ことが わかります。

26+8+2=26+(8+2)=26+ ☐ = ☐

前から じゅんに たしても、
8と 2を まとめて たしても、
答えは 同じに なるね。

( )の 中は、
先に 計算します。

たいせつ

たし算では、たす じゅんじょを
かえても、答えは 同じに なります。

3 くふうして 計算しましょう。

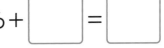教科書 92ページ⑩

① 37+9+11

② 24+57+43

③ 12+23+8

④ 46+17+24

4 とおるさんは、本を おとといは 34ページ、きのうは 18ページ、そして 今日は 22ページ 読みました。3日間で あわせて 何ページ 読んだでしょうか。

教科書 92ページ⑩

式

答え（ 　　　　　 ）

おうちのかたへ　たし算では、たす順序をかえても答えは同じになることを理解しましょう。10や何十になる計算を先にすると後の計算が簡単になることを学習し、使えるようにします。

39

れんしゅうのワーク

教科書 ㊤82〜95ページ　　答え 9ページ

できた 数 　／18もん 中

おわったら
シールを
はろう

---

1 たし算と ひき算の 筆算　筆算で しましょう。

① 　56
　+73
_____

② 　98
　+24
_____

③ 　65
　+39
_____

④ 　326
　+　45
_____

⑤ 　135
　−　47
_____

⑥ 　102
　−　68
_____

⑦ 　106
　−　　9
_____

⑧ 　893
　−　17
_____

---

2 かくれた 数　□に あてはまる 数を 書きましょう。

① 　84
　+2□
_____
　112

② 　47
　+□8
_____
　125

③ 　1□8
　−　63
_____
　　85

④ 　171
　−□6
_____
　　95

---

3 文しょうだい　85円の ノートと 42円の えんぴつを 1つずつ
買います。あわせて 何円に なるでしょうか。

式

答え（　　　　　）

筆算

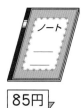

85円　　42円

---

4 文しょうだい　あきかんを、1組は 123こ、2組は 98こ ひろいました。
ちがいは 何こでしょうか。

式

答え（　　　　　）

筆算

できる ナビ　筆算では、くり上がりの 数字や くり下がりの 数字を、位に そろえて
書きたすように しよう。まちがいが 少なく なるよ！

まとめのテスト

とく点　／100点

おわったら シールを はろう

時間 **20**分

教科書 ㊤82〜95ページ　答え 10ページ

1 よく出る 筆算で しましょう。

1つ10〔70点〕

① 78+61　　② 62+58　　③ 5+97　　④ 318+74

⑤ 129-56　　⑥ 140-42　　⑦ 107-99

2 はやとさんは シールを 68まい もって いました。お兄さんから 25まい、お姉さんから 5まい もらいました。ぜんぶで 何まいに なったでしょうか。

1つ5〔10点〕

式

答え（　　　　　　　）

3 100円 もって います。88円の パンを 買うと、おつりは いくらに なるでしょうか。

1つ5〔10点〕

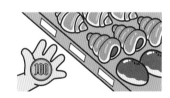

式

答え（　　　　　　　）

4 まちがいを 見つけて、正しい 答えを 書きましょう。

1つ5〔10点〕

①
```
  6 5
+ 4 8
─────
1 0 3
```
正しい 答え（　　　　　　　）

②
```
  1 0 7
-   3 9
───────
  1 7 8
```
正しい 答え（　　　　　　　）

ふろくの「計算練習ノート」11〜17ページをやろう!

 チェック ✓
□ くり上がる たし算の 筆算を まちがえずに できるかな?
□ くり下がる ひき算の 筆算を まちがえずに できるかな?

時こくと 時間 [その1]

もくひょう

時こくと 時間の
ちがいを 知ろう。

おわったら
シールを
はろう

きほんのワーク

教科書 上 97〜99ページ   答え 10ページ

きほん❶ 時こくと 時間の ちがいが わかりますか。

⭐ たつやさんは 公園に あそびに いきました。

家を 出た 時こく   公園に ついた 時こく   公園を 出た 時こく

❶ 家を 出た 時こくは ☐ 時です。

時計の 長い はりが
1めもり すすむ 時間を
1分間と いいます。

❷ 公園に ついた 時こくは ☐ 時 ☐ 分です。

❸ 家を 出てから 公園に
つくまでの 時間は

☐ 分間です。

3時	3時10分
← 時 間 →	
家を 出た 時こく	公園に ついた 時こく

3時   10分間   3時10分

❹ 家を 出てから 公園を

出るまでの 時間は ☐ 分間です。

時こくと 時こくの
間が 時間 だね。

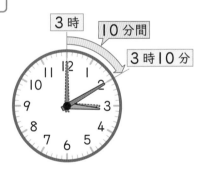

・長い はりが ひとまわりする 時間は **1 時間**

・1時間＝ **60** 分間

60分間を
1時間と
いいます。

❺ 公園を 出てから 10分 たって 家に つきました。

家に ついた 時こくは ☐ です。

さんすうはかせ　時こくは 「何時何分」のように いっしゅんの ときを さし、時間は 時こくと
時こくの 間の ときの ながれ(長さ)を あらわすよ。ちがいが わかるかな。

❶ 7時から 7時10分まで

( )

❷ 1時から 1時30分まで

( )

❸ 4時30分から 5時まで

( )

❹ 5時40分から 6時まで

( )

❺ 6時30分から 6時52分まで

( )

❻ 7時10分から 7時28分まで

( )

2 □に あてはまる 数を 書きましょう。 教科書 99ページ**2**

❶ 60分＝□時間

❷ 1時間30分＝□分

❸ 1時間45分＝□分

❹ 75分＝□時間□分

時こくと 時間 ［その2］

もくひょう

午前と　午後の
時こくを　知ろう。

おわったら
シールを
はろう

きほんのワーク

教科書 (上) 100〜102ページ　　答え 10ページ

きほん 1　午前、午後を　つかって　時こくが　いえますか。

⭐ 下の　絵を　見て　答えましょう。

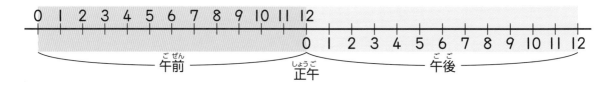

　　　　　　　　　　　　　　ごぜん　　　　　　しょうご　　　　　　　　　ごご
　　　　　　　　　　　　　　午前　　　　　　　正午　　　　　　　　　午後

あさ　　　　　　じ
朝　おきた　時こく

いえ　　かえ
家に　帰った　時こく

❶　朝　おきた　時こくは　[午前　　時　　分] です。

❷　家に　帰った　時こくは　[　　　　　　　　　] です。

❸　1日の　時間は　午前が　[　　] 時間、午後が　[　　] 時間です。

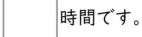

　　1日は　[　　] 時間です。

とけい　　　　　　　　　　
時計の　みじかい　はりは
1日に　2回　まわるね。

1　午前か　午後を　つけて　時こくを　答えましょう。　　📖 教科書 100ページ❷

❶
朝ごはんを　食べはじめる　時こく

❷
よる
夜　ねる　時こく

（　　　　　　　）　　　（　　　　　　　）

44

さんすうはかせ　午前・午後は　正午の　前と　後と　いう　いみだよ。「午」は、時こくを　十二支で
あらわした　ときの　「午の　刻（うまの　こく）」を　さして　いるんだ。

☆ 家を 出てから 帰るまでの 時間を もとめましょう。

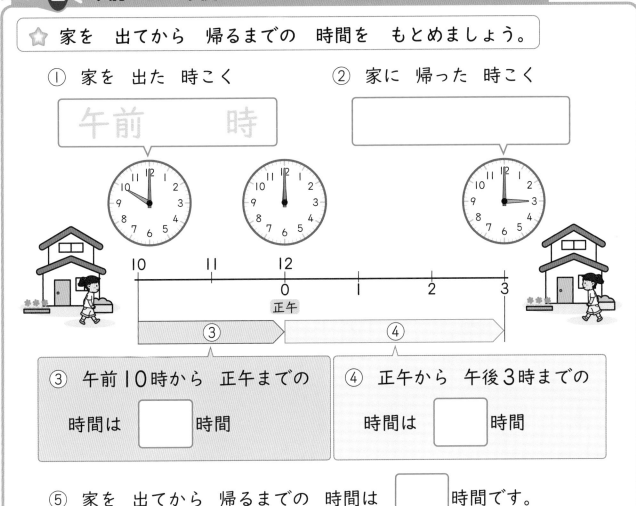

① 家を 出た 時こく

午前　　　時

② 家に 帰った 時こく

10　　11　　12
　　　　　　0　　1　　2　　3
　　　　　正午

③

④

③ 午前 10時から 正午までの

　　時間は [　] 時間

④ 正午から 午後3時までの

　　時間は [　] 時間

⑤ 家を 出てから 帰るまでの 時間は [　] 時間です。

2 さやかさんは 家ぞくで えい画を みに 行きました。えい画が
はじまってから おわるまでの 時間は 何時間でしょうか。 📖教科書 100ページ**2**

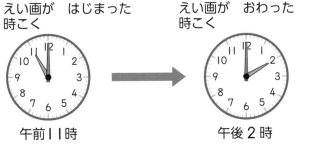

えい画が はじまった
時こく

えい画が おわった
時こく

午前11時

午後2時

（　　　　　　　）

3 学校に ついてから 学校を 出るまでの 時間は 何時間何分でしょうか。

学校に ついた
時こく

学校を 出た
時こく

📖教科書 100ページ**2**

午前8時

午後3時30分

正午までの 時間と
正午からの 時間を
考えれば いいね。

（　　　　　　　）

れんしゅうの7ーク

べんきょうした 日 ▷ 月 日

できた 数
／6もん 中

おわったら
シールを
はろう

教科書 ⬆97～103ページ 答え 11ページ

1 いろいろな 時こくや 時間を もとめる ゆうたさんは 家ぞくで 水ぞくかんへ 行きました。つぎの 時こくや 時間を 答えましょう。

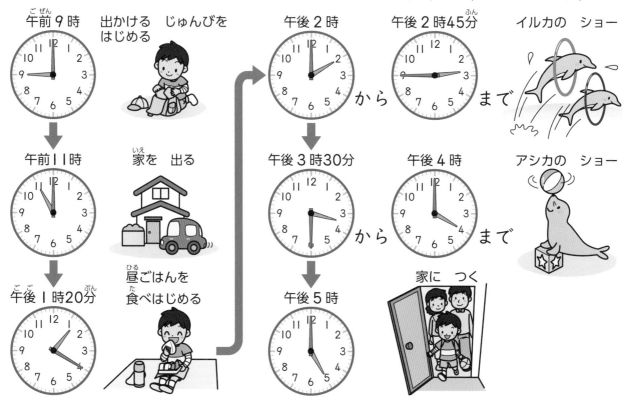

午前9時 出かける じゅんびを はじめる

午前11時 家を 出る

午後1時20分 昼ごはんを 食べはじめる

午後2時 から 午後2時45分 まで イルカの ショー

午後3時30分 から 午後4時 まで アシカの ショー

午後5時 家に つく

① 出かける じゅんびを はじめてから
1時間 たった 時こく （   ）

② 家を 出てから
40分 たった 時こく （   ）

③ 昼ごはんを 食べはじめてから
30分 たった 時こく （   ）

④ イルカの ショーが はじまってから
おわるまでの 時間 （   ）

⑤ アシカの ショーが はじまってから
おわるまでの 時間 （   ）

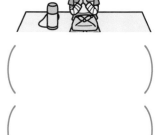

🖍 ⑥ 家を 出てから 家に つくまでの 時間 （   ）

できる ナビ 長い はりが ひとまわりすると 1時間だね。
時間は、はりが どれだけ すすんだかを 見れば わかるね！

まとめのテスト

時間 **20** 分

とく点 /100点

おわったら シールを はろう

教科書 上97～103ページ 答え 11ページ

1 つぎの 時計を 見て、今の 時こくを 答えましょう。また、それぞれの 30分間 たった 時こく、2時間 たった 時こくを 答えましょう。1つ5〔30点〕

①

今の 時こく （　　　　　）

30分間 たった 時こく （　　　　　）

2時間 たった 時こく （　　　　　）

②

今の 時こく （　　　　　）

30分間 たった 時こく （　　　　　）

2時間 たった 時こく （　　　　　）

2 □に あてはまる 数を 書きましょう。1つ10〔20点〕

① 1時間20分＝ □ 分

② 100分＝ □ 時間 □ 分

3 よく出る つぎの 時こくを 午前か 午後を つけて 答えましょう。

① 朝

（　　　　　）

② 夜  1つ15〔30点〕

（　　　　　）

4 ゆう園地に いた 時間は 何時間でしょうか。〔20点〕

ゆう園地に ついた
午前10時

ゆう園地を 出た
午後4時

（　　　　　）

 チェック ✓
□ 時計を 見て 時こくや 時間を 答える ことが できたかな？
□ 午前と 午後を つけて 時こくを いえたかな？

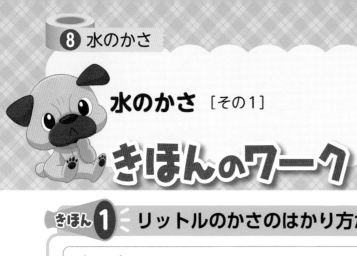

水のかさ ［その1］

きほんのワーク

もくひょう
かさのたんい
L、dL を知ろう。

おわったら
シールを
はろう

教科書 ⊕ 106～111ページ　答え 11ページ

きほん ❶　リットルのかさのはかり方がわかりますか。

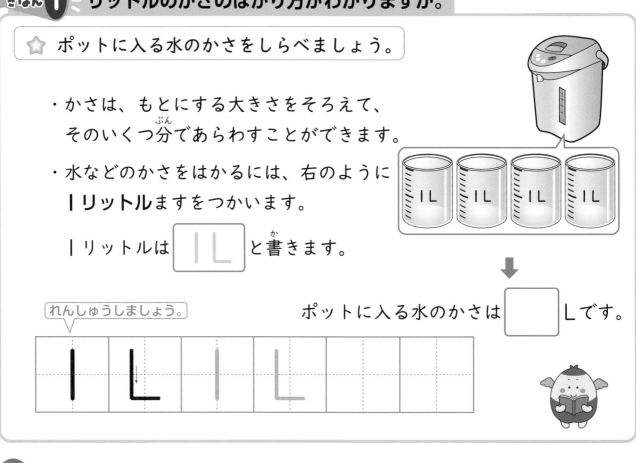

☆ ポットに入る水のかさをしらべましょう。

・かさは、もとにする大きさをそろえて、
そのいくつ分であらわすことができます。

・水などのかさをはかるには、右のように
1リットルますをつかいます。

1リットルは ☐1L☐ と書きます。

ポットに入る水のかさは ☐ Lです。

れんしゅうしましょう。

| 1L | 1L | 1L | | |

❶ つぎの入れものに入る水のかさを書きましょう。

📖教科書 109ページ❷

❶　1Lの ☐ こ分で

☐ L

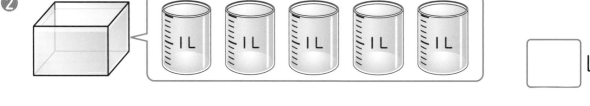

❷　☐ L

❸　☐ L

さんすうはかせ　1dLの「d（デシ）」は、「10こに分けた1つ分」といういみだよ（後でべん強する分数のあらわし方で10分の1というよ）。1dLは1Lの10分の1だよ。

☆ やかんに入っていた水を１リットルますに
入れたら、右のようになりました。

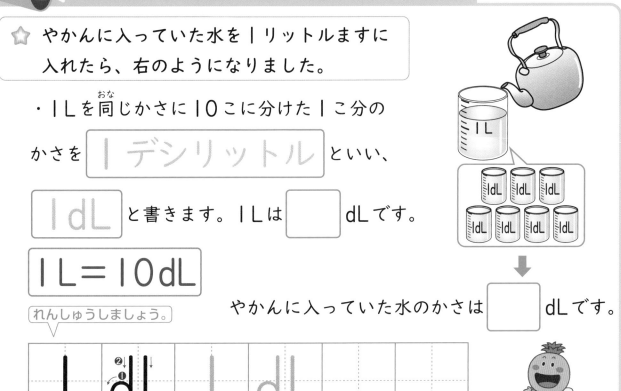

・１Lを同じかさに１０こに分けた１こ分の

かさを ｜ デシリットル といい、

｜ dL と書きます。１Lは [ ] dL です。

１L＝１０dL

れんしゅうしましょう。

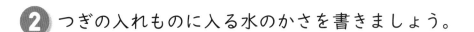

やかんに入っていた水のかさは [ ] dL です。

---

2 つぎの入れものに入る水のかさを書きましょう。 📖 教科書 110ページ❸

❶  [ ] dL

❷  [ ] dL

3 水のかさはどれだけでしょうか。 📖 教科書 111ページ❷

❶  [ ] L [ ] dL

❷ 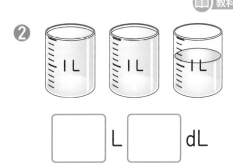 [ ] L [ ] dL

4 □ にあてはまる数を書きましょう。 📖 教科書 111ページ❸

❶ 5L＝ [ ] dL

❷ 67dL＝ [ ] L [ ] dL

5 □ にあてはまる＞か＜のしるしを書きましょう。 📖 教科書 111ページ❹

❶ 3L [ ] 31dL

❷ 4L2dL [ ] 24dL

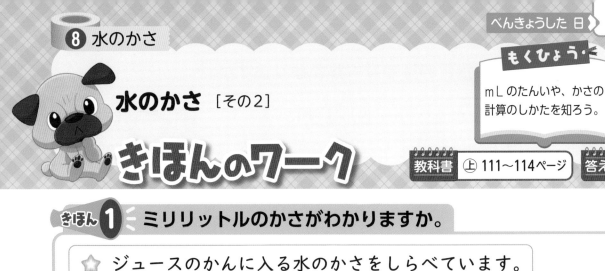

8 水のかさ

水のかさ ［その2］

きほんのワーク

教科書 ⏫ 111〜114ページ　答え 11ページ

もくひょう
mL のたんいや、かさの
計算のしかたを知ろう。

おわったら
シールを
はろう

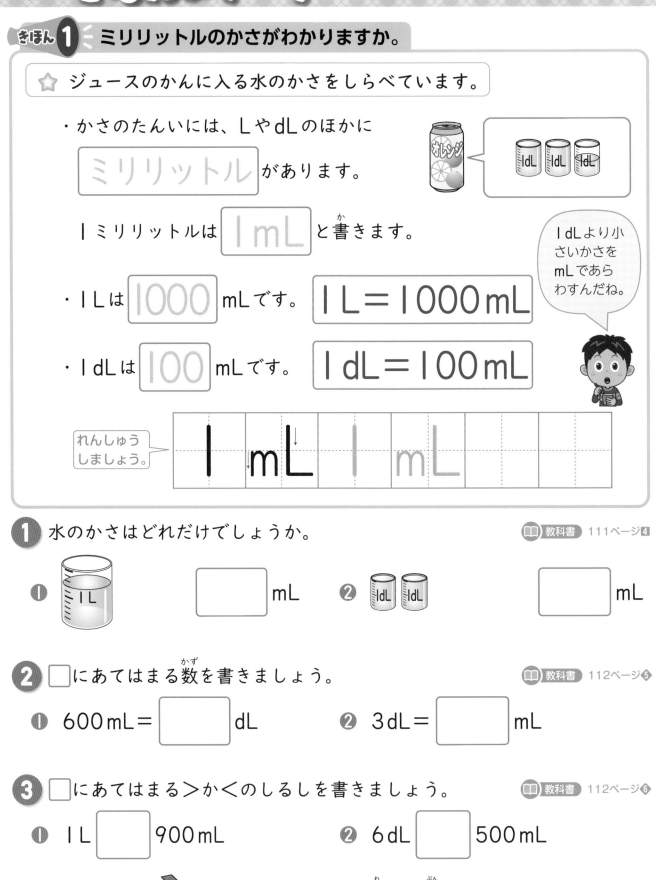

きほん 1 ミリリットルのかさがわかりますか。

⭐ ジュースのかんに入る水のかさをしらべています。

・かさのたんいには、LやdLのほかに

　ミリリットル　があります。

　1ミリリットルは　1mL　と書きます。

1dLより小
さいかさを
mLであら
わすんだね。

・1Lは　1000　mLです。　1L＝1000mL

・1dLは　100　mLです。　1dL＝100mL

れんしゅう
しましょう。

1 mL 1 mL

1 水のかさはどれだけでしょうか。

📖教科書 111ページ4

① 1L
　　　　　　mL

② 1dL 1dL
　　　　　　mL

2 □にあてはまる数を書きましょう。

📖教科書 112ページ5

① 600mL＝　　　　dL

② 3dL＝　　　　mL

3 □にあてはまる＞か＜のしるしを書きましょう。

📖教科書 112ページ6

① 1L　　　900mL

② 6dL　　　500mL

さんすうほかせ 1mLの「m（ミリ）」は、「1000こに分けた1つ分（1000分の1）」といういみだよ。
長さをあらわすミリメートルの「m（ミリ）」も同じように1000分の1といういみだよ。

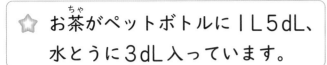

☆ お茶がペットボトルに1L5dL、
　水とうに3dL入っています。

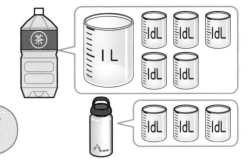

❶ あわせて何L何dLでしょうか。

同じたんいの数どうしを
計算すればいいね。

$$\boxed{}\ L\ \boxed{}\ dL + \boxed{}\ dL = \boxed{}\ L\ \boxed{}\ dL$$

❷は、
かさの多いほう
から少ないほう
をひくよ。

❷ ちがいは何L何dLでしょうか。

$$\boxed{}\ L\ \boxed{}\ dL - \boxed{}\ dL = \boxed{}\ L\ \boxed{}\ dL$$

❹ 計算をしましょう。　　　　　　　　　　教科書 113ページ❼

① 8L＋4L　　　　　　　② 9L－3L

③ 200mL＋700mL　　　④ 800mL－500mL

⑤ 6L4dL＋5L　　　　　⑥ 10L8dL－7dL

❺ ⑦のポットには1L3dL、④のポットには8dLの水が入っています。
　□にあてはまる数を書きましょう。　　　　　　教科書 113ページ❺

① ⑦と④の水のかさは、あわせて何L何dLでしょうか。

3dL＋8dL＝11dLで、11dL＝ $\boxed{}$ L $\boxed{}$ dLです。

これより、1L3dL＋8dL＝ $\boxed{}$ L $\boxed{}$ dLとなります。

② ⑦と④の水のかさのちがいは何dLでしょうか。

1L3dL＝13dLで、13dL－8dL＝ $\boxed{}$ dLです。

これより、1L3dL－8dL＝ $\boxed{}$ dLとなります。

おうちのかたへ　mL（ミリリットル）の意味と表し方を理解しましょう。1L＝1000mLをおさえましょう。
かさの計算は同じ単位の数どうしで計算すればできることを学習します。

れんしゅうのワーク

教科書 ⨥ 106〜116ページ   答え 12ページ

できた 数

／6もん 中

おわったら
シールを
はろう

1 かさくらべ   あおいさんとそうたさんとひなさんがジュースをもって
います。かさをくらべましょう。

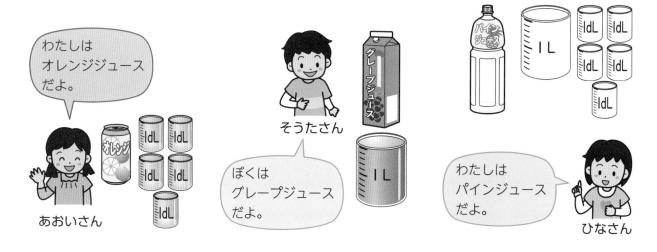

わたしは
オレンジジュース
だよ。

あおいさん

そうたさん

ぼくは
グレープジュース
だよ。

わたしは
パインジュース
だよ。

ひなさん

❶ あおいさんのもっているジュースのかさは、何dLでしょうか。

（   ）

❷ ひなさんのもっているジュースのかさは、何L何dLでしょうか。

（   ）

❸ そうたさんとひなさんのジュースのかさをあわせると、何L何dLでしょ
うか。

（   ）

❹ あおいさんとひなさんのジュースのかさをあわせると、何Lでしょうか。

（   ）

❺ あおいさんとひなさんのジュースのかさのちがいは、何Lでしょうか。

（   ）

❻ あおいさんとそうたさんのジュースのかさのちがいは、何dLでしょうか。

（   ）

できる ナビ   かさをたしたりひいたりするときは、同じたんいの数どうしを計算するよ！
かさのちがいは、多いほうから少ないほうをひくんだね！

まとめのテスト

教科書 上 106〜116ページ　答え 12ページ

時間 **20**分

とく点　　/100点

1 よく出る 右の水のかさをしらべましょう。

① 何L何dLでしょうか。　　1つ10〔20点〕

(　　　　　　　　　　)

② 4Lよりどれだけ少ないでしょうか。

(　　　　　　　　　　)

2 □にあてはまる＞、＜、＝のしるしを書きましょう。　　1つ5〔20点〕

① 4dL □ 3dL

② 1L □ 10dL

③ 8dL □ 600mL

④ 700mL □ 9dL

3 □にあてはまるかさのたんいを書きましょう。　　1つ10〔40点〕

① 紙パックに入る牛にゅう　　1000 □

② ペットボトルに入る水　　2 □

③ 水とうに入る水　　3 □

④ 目ぐすり　　10 □

4 計算をしましょう。　　1つ5〔20点〕

① 3L＋1L7dL

(　　　　　　　　)

② 6L4dL＋5dL

(　　　　　　　　)

③ 5L8dL－6dL

(　　　　　　　　)

④ 8L7dL－5L

(　　　　　　　　)

ふろくの「計算練習ノート」10ページをやろう！

チェック✔
□ L、dL、mL のかんけいがわかったかな？
□ かさの計算ができるかな？

もくひょう・
三角形と四角形、
辺とちょう点を
知ろう。

おわったら
シールを
はろう

三角形と四角形 ［その1］

きほんのワーク

教科書 ㊤ 118〜123ページ　答え 12ページ

きほん ❶ 三角形と四角形がわかりますか。

☆ ㋐、㋑の形を何というでしょうか。

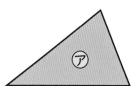 ㋐　 ㋑

何本の直線で
かこまれて
いるかな？

たいせつ

・ 3 本の直線でかこまれた形を、さんかくけい 三角形 といいます。

・ 4 本の直線でかこまれた形を、しかくけい 四角形 といいます。

㋐… [　　　　]　　㋑… [　　　　]

3本だから三角形、
4本だから四角形、
5本だと五角形に
なるのかな？

---

❶ 三角形と四角形を3つずつ見つけて、㋐〜㋛で答えましょう。

📖教科書 119ページ❶

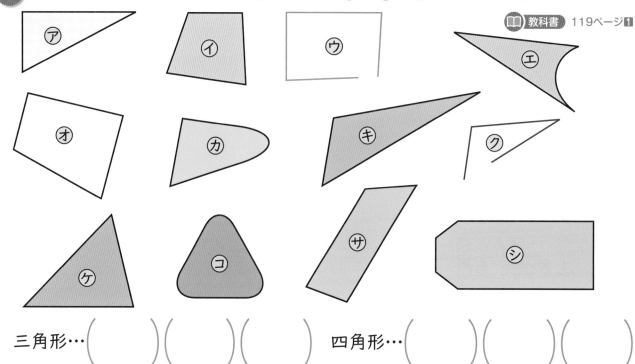

三角形…（　　）（　　）（　　）　　四角形…（　　）（　　）（　　）

さんすうはかせ 3本の直線でかこまれた形は三角形、4本だと四角形。
同じように、5本なら五角形、6本なら六角形というんだ。

☆ □ にあてはまることばを書きましょう。

たいせつ

- 三角形や四角形のまわりの

  直線を │ 辺 │ といい、

  かどの点を │ ちょう点 │ と

  いいます。

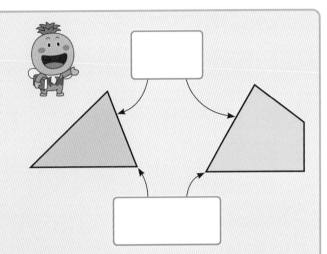

- 下のように紙をおって、できたかどの形を │ 直角 │ といいます。

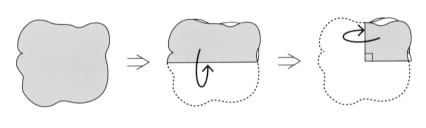

直角には
このような
しるしをかくよ。

2 辺をかきたして、三角形や四角形をかきましょう。　📖教科書 119ページ**1**

3 直角を2つ見つけて、㋐〜㋓で答えましょう。　📖教科書 122ページ**2**

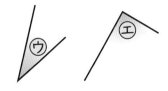

（　　）（　　）

おうちのかたへ　三角形と四角形を学習します。何本の直線で囲まれているかによって、呼び名がかわること
に着目します。五角形、六角形、…と、図形の世界が広がることに興味を持てるといいですね。

もくひょう

長方形、正方形、直角三角形を知ろう。

おわったら
シールを
はろう

三角形と四角形 ［その２］

きほんのワーク

教科書 ㊤ 124〜131ページ　答え 12ページ

きほん ❶ 長方形と正方形がわかりますか。

☆ ⑦、⑦の四角形を何というでしょうか。

たいせつ

・ ４つのかどがみんな直角になっている

四角形を、 長方形 といいます。

・ ４つのかどがみんな直角で、
４つの辺の長さがみんな同じ

四角形を、 正方形 といいます。

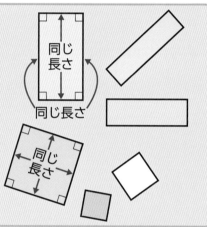

同じ長さ
同じ長さ
同じ長さ

⑦… ⎕　　　　⑦… ⎕

❶ 長方形を２つ見つけて、⑦〜⑦で答えましょう。

📖教科書 125ページ⑤

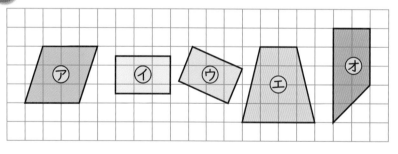

（　　）（　　）

❷ 正方形を２つ見つけて、⑦〜⑦で答えましょう。

📖教科書 127ページ⑧

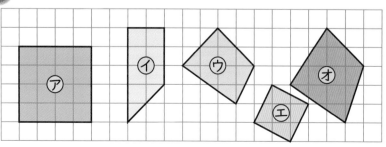

（　　）（　　）

さんすうはかせ コップやグラスののみ口はどうしてまるいのかな？
四角形や三角形だと、のむときに口のよこから水がこぼれてしまうよね。

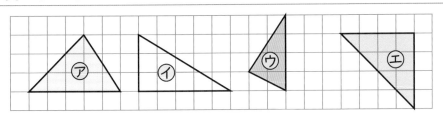

☆ ⑦～①の中で、直角三角形（ちょっかくさんかくけい）はどれとどれでしょうか。

└ 直角を 見つけよう！

たいせつ

・ 直角のかどがある三角形を、 直角三角形 といいます。

直角三角形……（ 　　　）と（ 　　　）

3 2つの辺をかきたして、直角三角形をかきましょう。　📖教科書 128ページ **5**

4 つぎの形を方（ほう）がんにかきましょう。　📖教科書 129ページ **6**

① 2つの辺の長さが2cmと4cmの長方形

② 1つの辺の長さが3cmの正方形

③ 直角になる2つの辺の長さが2cmと4cmの直角三角形

1cm

1cm

おうちのかたへ　直角の意味を知り、長方形、正方形、直角三角形を学習します。紙を折る、切る…といった作業を行うことで、図形に親しみ、長方形の性質などを自然に体得したいものです。

れんしゅうのワーク

教科書 ⊕ 118〜133ページ｜答え 13ページ

❶ 三角形と四角形　□にあてはまることばや数を書きましょう。

①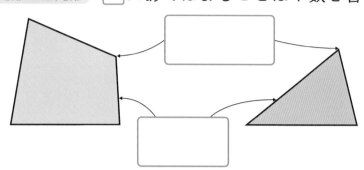

② 三角形には、辺が □ つ、ちょう点が □ つあります。

③ 四角形には、辺が □ つ、ちょう点が □ つあります。

❷ 長方形　右の四角形は、長方形です。

① 直角のかどに○をかきましょう。

② まわりの長さは、何cmでしょうか。

（　　　　　　　）

③ 直線を1本ひいて、2つの直角三角形に分けましょう。

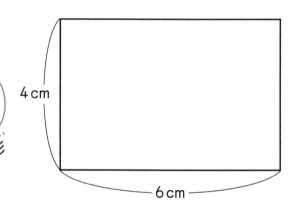

4 cm

6 cm

❸ 正方形　右の四角形は、正方形です。

① 直角のかどに○をかきましょう。

② まわりの長さは、何cmでしょうか。

（　　　　　　　）

③ 直線を1本ひいて、大きさの同じ2つの長方形に分けましょう。

チャレンジ！ ④ 直線を2本ひいて、2つの正方形と2つの長方形をつくりましょう。

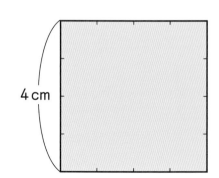

4 cm

 できるナビ　長方形は、4つのかどがみんな直角だよ。
正方形は、4つのかどがみんな直角で、4つの辺の長さがみんな同じだよ。

まとめのテスト

時間 20分 とく点 /100点

おわったら シールを はろう

教科書 上 118〜133ページ 答え 13ページ

1 つぎの形を何というでしょうか。 1つ10〔30点〕

① 4つのかどがみんな直角になっている四角形 （ 　　　　　 ）

② 直角のかどがある三角形 （ 　　　　　 ）

③ 4つのかどがみんな直角で、 （ 　　　　　 ）
4つの辺の長さがみんな同じ四角形

2 よく出る 正方形、直角三角形を見つけて、㋐〜㋘で答えましょう。

1つ15〔30点〕

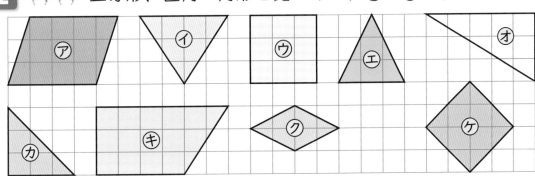

●正方形 　　　　　　　　　　　　　●直角三角形

（ 　　　 と 　　　 ） 　　　（ 　　　 と 　　　 ）

3 下の㋐〜㋔の長さをもとめましょう。 1つ10〔40点〕

 長方形

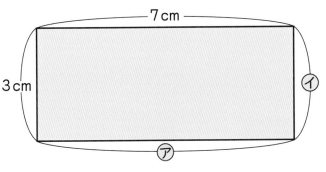
7cm
3cm
㋑
㋐

 正方形

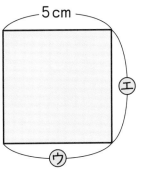
5cm
㋓
㋒

㋐ （ 　　　 ） 　㋑ （ 　　　 ） 　㋒ （ 　　　 ） 　㋓ （ 　　　 ）

チェック✔ □ 三角形や四角形、ちょう点や辺がわかったかな？
□ 長方形、正方形、直角三角形のとくちょうがわかったかな？

かけ算 [その1]

きほんのワーク

教科書 下 4〜16ページ   答え 13ページ

きほん 1 かけ算の式にあらわすことができますか。

☆ みかんはぜんぶで何こあるでしょうか。
□と○にあてはまる数を書きましょう。

・1さらに □ こずつ ○ さら分で **20**こあります。

・このことを、式で **5 × 4 = 20** と書きます。
　　　　　　　5かける4 は 20

・このような計算を**かけ算**といいます。

式 □ × ○ = □
　1つ分の数　いくつ分　ぜんぶの数

答え **20こ**

・5×4の答えは、5＋5＋5＋ □ でもとめられます。

---

1 かけ算の式にあらわしましょう。
　　　　　　　　　　　　　　　　　　教科書 8ページ❷

❶
式 □ × □

❷
式 □ × □

2 1さらにケーキが2こずつのったさらが6さらあります。
ケーキはぜんぶで何こあるでしょうか。
　　　　　　　　　　　　　　　　　　教科書 9ページ❸

式 □ × □ = □

答えはたし算でもとめられるね。

2＋2＋2＋2＋2＋2＝ □

答え (　　　　　)

さんすうはかせ 「×」の記ごうはイギリスの数学しゃオートレッドがつかいはじめたといわれているよ。キリスト教の十字かをななめにしたともいわれているんだ。

☆ かけ算の式であらわしましょう。

5のだん、2のだんの九九

❶  の4はこ分
5こ

| □ | × | □ | = | □ |
1つ分の数　いくつ分　ぜんぶの数

❷ 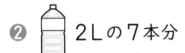 2Lの7本分

□ × □ = □

五一 が 5	二一 が 2
五二 10	二二 が 4
五三 15	二三 が 6
五四 20	二四 が 8
五五 25	二五 10
五六 30	二六 12
五七 35	二七 14
五八 40	二八 16
五九 45	二九 18

声に出して
おぼえよう。

❸ 計算をしましょう。　　　　　　　　　　　　　　　教科書 12ページ⑥ 15ページ⑦

① 5×7　　　　② 2×1　　　　③ 5×5

④ 2×3　　　　⑤ 5×1　　　　⑥ 2×2

⑦ 5×6　　　　⑧ 2×5　　　　⑨ 5×8

❹ おかしが1はこに5こずつ入っています。5はこ分では、おかしは
ぜんぶで何こになるでしょうか。　　　　　　　　　教科書 12ページ⑥

式　　　　　　　　　　　　　　　　答え (　　　　　　　　)

❺ プリンが2こずつ入ったパックを6パック買います。　　教科書 15ページ⑦
① プリンは、ぜんぶで何こあるでしょうか。

式　　　　　　　　　　　　　　　　答え (　　　　　　　　)

② もう1パック買うと、プリンは何こふえるでしょうか。また、ぜんぶで
何こになるでしょうか。

(　　　　　) こふえる。ぜんぶで (　　　　　) こ

おうちのかたへ かけ算の式に表すことを学びます。(1つ分の数)×(いくつ分)=(全部の数)になることを
しっかりとおさえましょう。5の段、2の段の九九から学習をはじめます。

もくひょう
3のだん、4のだんの
九九をおぼえよう。

おわったら
シールを
はろう

かけ算［その2］

きほんのワーク

教科書 ⑦17〜21ページ　答え 14ページ

きほん **1** 3のだんの九九をおぼえましたか。

⭐ かけ算の式であらわしましょう。

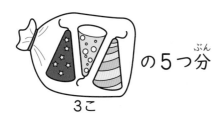 の5つ分

3こ

| | × | | = | |

1つ分の数　　いくつ分　　ぜんぶの数

3×5の式で、

3を かけられる数 といい、

5を かける数 といいます。

声に出しておぼえよう。

3のだんの九九

3×1＝ 3	三一 が 3
3×2＝ 6	三二 が 6
3×3＝ 9	三三 が 9
3×4＝ 12	三四 12
3×5＝ 15	三五 15
3×6＝ 18	三六 18
3×7＝ 21	三七 21
3×8＝ 24	三八 24
3×9＝ 27	三九 27

---

1 かけ算をしましょう。　　　　　　　📖教科書 17ページ8

① 3×8　　　　② 3×1　　　　③ 3×6

④ 3×2　　　　⑤ 3×4　　　　⑥ 3×9

⑦ 3×7　　　　⑧ 3×3　　　　⑨ 3×5

2 えんぴつを1人に3本ずつくばります。6人にくばるには、
えんぴつは何本いるでしょうか。　📖教科書 17ページ8

式　　　　　　　　　　　　　答え（　　　　　　　）

3 うえきばちが7こあります。たねを1このうえきばちに3こずつうえるに
は、ぜんぶで何こいるでしょうか。　📖教科書 18ページ⑩

式　　　　　　　　　　　　　答え（　　　　　　　）

  九九には「三三が9」のように、間に「が」を入れるときと入れないときがあるよね。
「が」を入れるのは、答えが1から9までのときだよ。

☆ かけ算の式であらわしましょう。

声に出しておぼえよう。

 の3グループ分
4人

| | × | | = | |

1つ分の数　　いくつ分　　ぜんぶの数

4のだんの九九では、

かける数が1ふえると、

答えは [　] ふえます。

4のだんの九九

4×1＝ 4	四一 が 4
4×2＝ 8	四二 が 8
4×3＝12	四三 12
4×4＝16	四四 16
4×5＝20	四五 20
4×6＝24	四六 24
4×7＝28	四七 28
4×8＝32	四八 32
4×9＝36	四九 36

4 かけ算をしましょう。　　　　　　　　　　📖教科書 19ページ⑨

① 4×7　　　　　② 4×5　　　　　③ 4×8

④ 4×6　　　　　⑤ 4×2　　　　　⑥ 4×9

⑦ 4×4　　　　　⑧ 4×3　　　　　⑨ 4×1

5 あめを8こ買います。1こ4円のあめを買うと、何円になるでしょうか。

式　　　　　　　　　　　　　　　　　　　📖教科書 19ページ⑨

答え（　　　　　　　　）　　

6 ケーキを1つのはこに4こずつ入れます。　📖教科書 20ページ⑫

① 5はこ分では、ケーキは何こいるでしょうか。

式　　　　　　　　　　　　　　　答え（　　　　　　　）

② 1はこ分ふえると、ケーキは何こふえるでしょうか。
また、ぜんぶで何こになるでしょうか。

（　　　　　）こふえる。ぜんぶで（　　　　　）こ

 おうちのかたへ　3の段、4の段の九九の学習を通して、かける数が1増えると、答えはかけられる数だけ増えることを学びます。また、1つ分の数は何かをきちんととらえるようにします。

63

れんしゅうのワーク

できた 数

／12もん 中

おわったら
シールを
はろう

教科書　下 4〜26ページ　　答え　14ページ

1 5のだん、2のだんの九九　おまんじゅうはぜんぶで
何こあるでしょうか。

❶　2のだんの九九をつかってもとめましょう。

式

答え（　　　　　　　　　　）

❷　5のだんの九九をつかってもとめましょう。

式

答え（　　　　　　　　　　）

2 3のだん、4のだんの九九　◎の数をかけ算でもとめます。
式を2とおり書いて、答えをもとめましょう。

式　・

　　・

答え（　　　　　　　　　　）

3 かけ算のきまり　□にあてはまる数を書きましょう。

❶　4のだんの九九の答えは、□ずつ

ふえます。

❷　4×5の答えは、4×□の答えより

4ふえます。また、4×5の答えは、

4×□の答えより4へります。

$4 \times 1 = 4$
$4 \times 2 = 8$　4ふえる
$4 \times 3 = 12$　4ふえる
$4 \times 4 = 16$　4ふえる
$4 \times 5 = 20$　4ふえる
⋮　⋮

4 まわりの長さ　1つの辺の長さが5cmの正方形の、まわりの
長さは何cmでしょうか。かけ算でもとめましょう。

式

5cm

答え（　　　　　　　　　　）

できるナビ　❶・❷ かけられる数とかける数を入れかえても、答えは同じになっているね。
　　　　　❸ かける数が1ふえると、答えはかけられる数だけふえているね。

 まとめのテスト

教科書 ⬇4〜26ページ　答え 14ページ

1 よく出る 計算をしましょう。　　　　　　　　　　1つ5〔45点〕

① 4×6　　　　② 3×8　　　　③ 2×9

④ 5×2　　　　⑤ 2×4　　　　⑥ 4×7

⑦ 4×4　　　　⑧ 5×9　　　　⑨ 3×5

2 □ にあてはまる数やことばを書きましょう。　　1つ5〔20点〕

① 3のだんの九九の答えは、□ ずつふえます。

② 5×7の答えは、5×6の答えより □ ふえます。

③ 3×9の式の3は □ で、□ はかける数です。

3 4×5をあらわしている図をえらびましょう。　　〔5点〕

㋐ 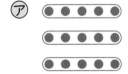　㋑ 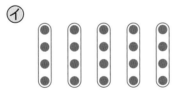　㋒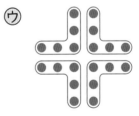

（　　）

4 かけ算の式に書いて、答えをもとめましょう。　1つ5〔20点〕

① の7セット分の数　　②  の8はこ分の数

式　　　　答え（　　　）　式　　　　答え（　　　）

5 長いすが7こあります。1この長いすに5人ずつすわると、みんなで何人
すわれるでしょうか。　　　　　　　　　　　　　1つ5〔10点〕

式　　　　　　　　答え（　　　　）

 ☑ □5、2、3、4のだんの九九をぜんぶいえるかな？
□かけ算の式にあらわすことができるかな？

ふろくの「計算練習ノート」18〜19ページをやろう！

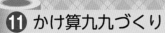

もくひょう
6のだん、7のだんの九九をおぼえよう。

おわったら
シールを
はろう

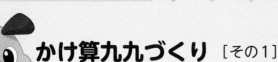 かけ算九九づくり ［その1］

きほんのワーク

教科書　下 27〜32ページ　答え　15ページ

きほん 1 | 6のだんの九九をつくることができますか。

☆ 6のだんの九九をつくりましょう。

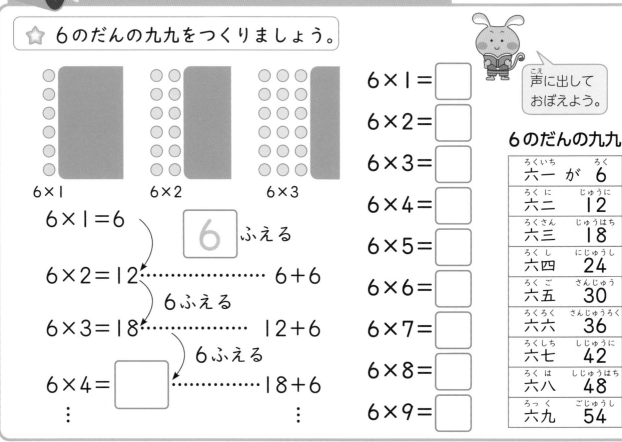

$6×1=6$

6 ふえる

$6×2=12$ …………… $6+6$

6ふえる

$6×3=18$ …………… $12+6$

6ふえる

$6×4=\boxed{}$ …………… $18+6$

⋮　　　　　　　⋮

$6×1=\boxed{}$
$6×2=\boxed{}$
$6×3=\boxed{}$
$6×4=\boxed{}$
$6×5=\boxed{}$
$6×6=\boxed{}$
$6×7=\boxed{}$
$6×8=\boxed{}$
$6×9=\boxed{}$

声に出して
おぼえよう。

6のだんの九九

六一 が	6
六二	12
六三	18
六四	24
六五	30
六六	36
六七	42
六八	48
六九	54

❶ ケーキの入ったはこが4はこあります。

ケーキは、1はこに6こ入っています。

教科書 30ページ❶

① ケーキは、ぜんぶで何こあるでしょうか。

式　　　　　　　　　　　　　　答え（　　　　　）

② もう1はこふえると、ケーキは何こふえるでしょうか。

（　　　　　）

❷ 6×4と同じ答えになる3のだんの九九は何でしょうか。

教科書 30ページ❷

$3×\boxed{}$

同じしゅるいの
おかしが
3つずつあるね。

 6のだんでは、6×7、7のだんでは、7×6がとくにまちがえやすいよ。
7（しち）は4（し）とはつ音がにているから、まちがえていわないように気をつけよう。

⭐ 7のだんの九九をつくりましょう。

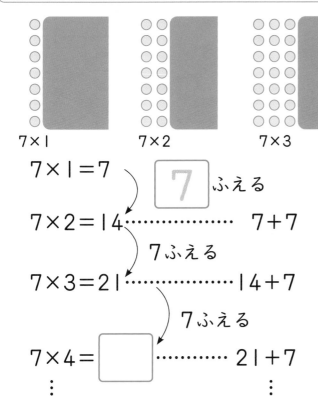

7×1
7×2
7×3

7×1＝7
7ふえる
7×2＝14 …………… 7＋7
7ふえる
7×3＝21 …………… 14＋7
7ふえる
7×4＝ ☐ ………… 21＋7
⋮

7×1＝ ☐
7×2＝ ☐
7×3＝ ☐
7×4＝ ☐
7×5＝ ☐
7×6＝ ☐
7×7＝ ☐
7×8＝ ☐
7×9＝ ☐
⋮

声に出して
おぼえよう。

7のだんの九九

しちいち 七一 が	しち 7
しちに 七二	じゅうし 14
しちさん 七三	にじゅういち 21
しち し 七四	にじゅうはち 28
しち ご 七五	さんじゅうご 35
しちろく 七六	しじゅうに 42
しちしち 七七	しじゅうく 49
しち は 七八	ごじゅうろく 56
しち く 七九	ろくじゅうさん 63

3 1週間は7日あります。3週間では、何日あるでしょうか。 📖教科書 32ページ❸

式

答え （　　　　　）

日	月	火	水	木	金	土
1	2	3	4	5	6	7
8	9	10	11	12	13	14
15	1｜	1｜				

4 えんぴつを7本ずつ5人にくばります。
えんぴつはぜんぶで何本いるでしょうか。

📖教科書 31ページ❸

式

答え （　　　　　）

5 ジュースが右のようにならんでいます。

📖教科書 32ページ❹

❶ りんごジュースは何本あるでしょうか。

式　　　　　答え （　　　　　）

❷ ジュースはぜんぶで何本あるでしょうか。

式

答え （　　　　　）

おうちのかたへ　6の段、7の段の九九を学習します。多くの2年生が7の段の九九につまずきます。声に出して、何度も言うことで、自然と身につくように指導します。

もくひょう・
8のだん、9のだん、
1のだんの九九をおぼ
えよう。

おわったら
シールを
はろう

かけ算九九づくり ［その2］

| 教科書 | 下 33～37ページ | 答え | 15ページ |

きほん 1 8のだん、9のだんの九九をつくることができますか。

⭐ 8のだん、9のだんの九九をつくりましょう。

声に出して
おぼえよう。

$8×1=$ ☐

$8×2=$ ☐

$8×3=$ ☐

$8×4=$ ☐

$8×5=$ ☐

$8×6=$ ☐

$8×7=$ ☐

$8×8=$ ☐

$8×9=$ ☐

8のだんの九九

はちいち 八一 が	はち 8
はち に 八二	じゅうろく 16
はちさん 八三	にじゅうし 24
はち し 八四	さんじゅうに 32
はち ご 八五	しじゅう 40
はちろく 八六	しじゅうはち 48
はちしち 八七	ごじゅうろく 56
はっぱ 八八	ろくじゅうし 64
はっく 八九	しちじゅうに 72

$9×1=$ ☐

$9×2=$ ☐

$9×3=$ ☐

$9×4=$ ☐

$9×5=$ ☐

$9×6=$ ☐

$9×7=$ ☐

$9×8=$ ☐

$9×9=$ ☐

9のだんの九九

く いち 九一 が	く 9
く に 九二	じゅうはち 18
く さん 九三	にじゅうしち 27
く し 九四	さんじゅうろく 36
く ご 九五	しじゅうご 45
く ろく 九六	ごじゅうし 54
く しち 九七	ろくじゅうさん 63
く は 九八	しちじゅうに 72
く く 九九	はちじゅういち 81

❶ 長さが8cmのテープを3本作ります。テープはぜんぶで何cmいる
でしょうか。

📖 教科書 33ページ④

式　　　　　　　　　　　　　　　　　　　　答え（　　　　　　　）

❷ 9こ入りのおかしが6はこあります。おかしはぜんぶで何こある
でしょうか。

📖 教科書 35ページ⑤

式　　　　　　　　　　　　　　　　　　　　答え（　　　　　　　）

❸ 9人ずつの野球チームが8チームあります。ぜんぶで何人いるでしょうか。

📖 教科書 35ページ⑤

式　　　　　　　　　　　　　　　　　　　　答え（　　　　　　　）

 九九はむかし（奈良時代）中国からつたえられたよ。中国からつたわったときに、
九九81からじゅんにとなえたから「九九」といわれるようになったんだ。

☆ いちごとプリンの数をしらべましょう。

❶ いちごは何こあるでしょうか。

式 $2 \times 4 =$ ☐

答え 8こ

❷ プリンは何こあるでしょうか。

式 ☐ $\times 4 =$ ☐

|のだんの九九だね。

答え 4こ

$1 \times 1 =$ ☐
$1 \times 2 =$ ☐
$1 \times 3 =$ ☐
$1 \times 4 =$ ☐
$1 \times 5 =$ ☐
$1 \times 6 =$ ☐
$1 \times 7 =$ ☐
$1 \times 8 =$ ☐
$1 \times 9 =$ ☐

声に出して
おぼえよう。

|のだんの九九

いんいち 一一	が	いち 1
いんに 一二	が	に 2
いんさん 一三	が	さん 3
いんし 一四	が	し 4
いんご 一五	が	ご 5
いんろく 一六	が	ろく 6
いんしち 一七	が	しち 7
いんはち 一八	が	はち 8
いんく 一九	が	く 9

❹ と の数をしらべましょう。

📖 教科書 37ページ⑥

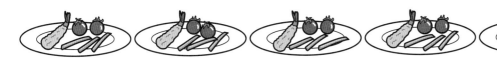

❶ は何こあるでしょうか。

式　　　　　　　　　　　　　　　　　　答え ( )

❷ は何こあるでしょうか。

式　　　　　　　　　　　　　　　　　　答え ( )

❸ は何こあるでしょうか。

式　　　　　　　　　　　　　　　　　　答え ( )

❺ ゆりさんは|週間で|さつの本を読みます。4週間では、何さつ
読むことになるでしょうか。

📖 教科書 37ページ⑥

式　　　　　　　　　　　　　　　　　　答え ( )

おうちのかたへ 8の段、9の段、|の段の九九を学習します。8の段、9の段の九九は覚えにくいので、
何度も練習しましょう。|の段の意味もしっかりおさえましょう。

かけ算九九づくり［その3］

もくひょう
何倍をかけ算の式に書こう。いろいろなもとめ方を考えよう。

おわったら
シールを
はろう

きほんのワーク

教科書　下 38〜45ページ　答え　15ページ

きほん ❶　倍の長さがわかりますか。

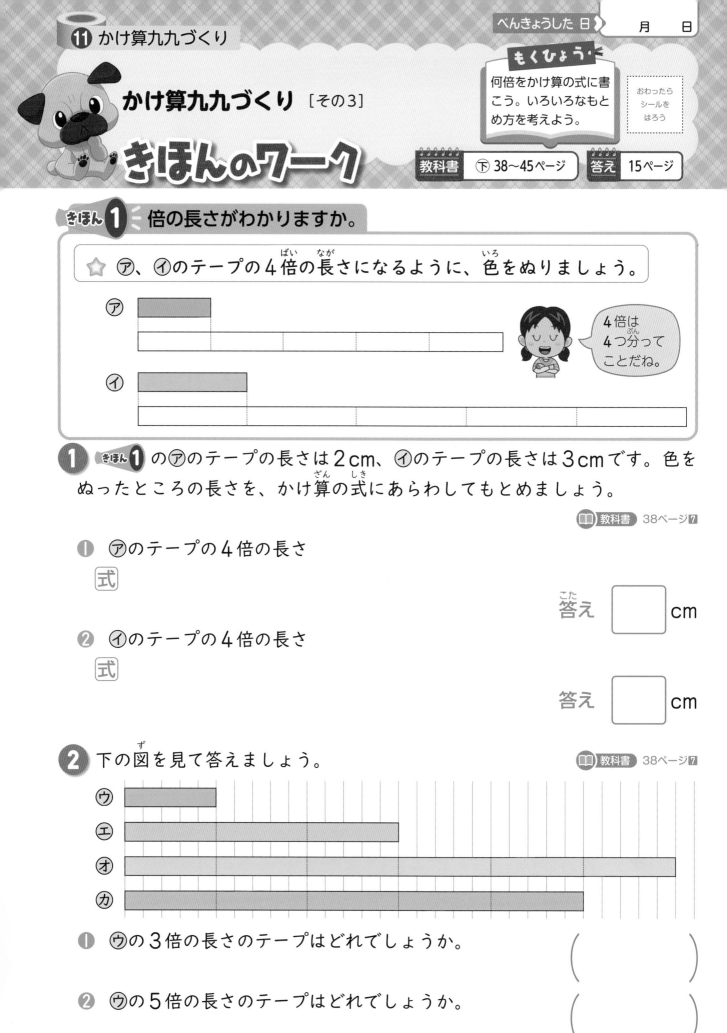

☆　⑦、⑦のテープの4倍の長さになるように、色をぬりましょう。

⑦

⑦

4倍は
4つ分って
ことだね。

❶　きほん❶ の⑦のテープの長さは2cm、⑦のテープの長さは3cmです。色をぬったところの長さを、かけ算の式にあらわしてもとめましょう。

教科書　38ページ❼

❶　⑦のテープの4倍の長さ
式

答え □ cm

❷　⑦のテープの4倍の長さ
式

答え □ cm

❷　下の図を見て答えましょう。

教科書　38ページ❼

⑰

⑱

⑲

⑳

❶　⑰の3倍の長さのテープはどれでしょうか。

（　　　）

❷　⑰の5倍の長さのテープはどれでしょうか。

（　　　）

さんすうはかせ　みんなは、1×1から9×9までの九九を学しゅうしたね。外国では、なんと1×1から20×20や99×99まで教えているところもあるんだって。

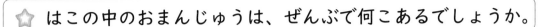

きほん 2　もとめ方をくふうすることができますか。

> ☆ はこの中のおまんじゅうは、ぜんぶで何こあるでしょうか。

① 9この5つ分と考えて式を書きましょう。

式 [　　　　　　　　　　]

② 5この9つ分と考えて式を書きましょう。

式 [　　　　　　　　　　]

ほかのもとめ方もあるのかな。

答え 45こ

---

3 ●の数のもとめ方を考えています。考え方とあう式をえらんで、線でむすびましょう。　📖教科書 40ページ 9

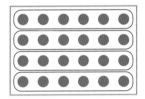

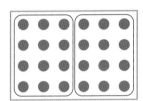

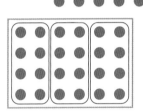

| 4×2＝8、8×3＝24 | 6×4＝24 | 4×3＝12、12＋12＝24 |

---

4 ○の数を、くふうしてもとめましょう。　📖教科書 41ページ 10

❶
式

答え (　　　　)

❷
式

答え (　　　　)

おうちのかたへ　"たて1列の何列分"を"横1段の何段分"というようにとらえ直したり、○の数を様々な考え方で求めたりすることで、多面的な見方を身につけることが目的です。

れんしゅうのワーク

べんきょうした 日 ▶ 　月　　日

できた 数
　　　　　/14もん 中

おわったら
シールを
はろう

教科書 ⑦ 27〜47ページ　答え 15ページ

1 九九のきまり　□にあてはまる数を書きましょう。

8 のだんの九九は、

$8 \times 1 = \boxed{}$ 、 $8 \times 2 = \boxed{}$ 、 $8 \times 3 = \boxed{}$ 、……

のように、答えが $\boxed{}$ ずつふえていきます。

2 かけ算をつかったもんだい　おまんじゅうは
ぜんぶで何こあるでしょうか。

❶ かけ算とたし算をつかって式をつくり、
答えをもとめましょう。

式

答え（　　　　　　　）

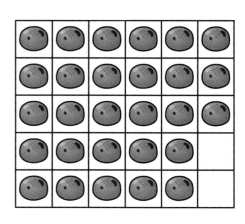

❷ かけ算とひき算をつかって式をつくり、答えをもとめましょう。

式　　　　　　　　　　　　　　　　答え（　　　　　　　）

3 6のだんの九九　子どもが40人います。6人ずつのチームをつくって、
リレーをします。

❶ 5チームつくると、何人のこるでしょうか。

式　　　　　　　　　　　　　　　　答え（　　　　　　　）

❷ 7チームつくるには、何人足りないでしょうか。

式　　　　　　　　　　　　　　　　答え（　　　　　　　）

4 倍のもんだい　ひろきさんはいちごを 7 こつみました。お兄さんがつんだ
数はひろきさんの 4 倍です。お兄さんはいちごを何こつんだでしょうか。

式　　　　　　　　　　　　　　　　答え（　　　　　　　）

できる ナビ　❷ おまんじゅうの数のもとめ方は、2つのまとまりに分けて計算するやり方や、
ぜんたいからないところをひくやり方など、いろいろあるよ！

まとめのテスト

時間 **20**分

とく点 ／100点

おわったら シールを はろう

教科書 下 27〜47ページ 答え 16ページ

1 よく出る かけ算をしましょう。 1つ5〔45点〕

① 6×7 ② 8×6 ③ 7×8

④ 1×4 ⑤ 6×9 ⑥ 9×9

⑦ 7×3 ⑧ 9×4 ⑨ 8×5

2 □ にあてはまる数を書きましょう。 1つ5〔20点〕

① 6×5のかける数が1ふえると、答えは □ ふえます。

② 7のだんの九九では、かける数が1ふえると、答えは □ ふえます。

③ 3cmの6倍の長さは □ cm、4cmの6倍の長さは □ cmです。

3 えんぴつを1人に6本ずつくばります。 1つ5〔15点〕
① 8人分では、えんぴつは何本いるでしょうか。

式 答え（　　　　　）

② 1人分ふえると、えんぴつは何本ふえるでしょうか。

（　　　　　）

4 えみさんは○の数を、下の図のように考えてもとめました。
えみさんのもとめ方を式にあらわして、答えをもとめましょう。 1つ10〔20点〕

○○○○○→
○○○○○
○○○○○
○○○○○

式

答え（　　　　　）

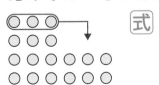 

□6、7、8、9、1のだんの九九をぜんぶいえるかな？
□九九のきまりをうまくりようできたかな？

73

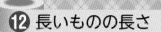

長いものの長さ [その1]

もくひょう
長いものの長さをあらわすたんいの、メートル(m)を知ろう。

おわったらシールをはろう

きほんのワーク

教科書 ⊤ 48〜51ページ　答え 16ページ

きほん **1** m（メートル）というたんいがわかりますか。

⭐ テープの長さはどれだけでしょうか。

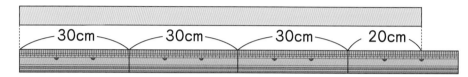

① テープの長さは、30cmのものさしで ☐ こ分と、

あと20cmだから、**110**cmです。

長いものはメートル(m)であらわすといいね。

たいせつ

・100cmを1メートルといい、1mと書きます。

1m＝100cm

れんしゅうしましょう。

② 110cmは、1mのものさしで
1こ分と、あと10cmだから、

☐ m ☐ cmです。

1mのものさしをつかうとべんりだね。

さんすうはかせ　みのまわりで長さのたんいがつかわれているものをさがして、じっさいにどのくらいの長さなのか、かくにんしてみよう。

1 さとみさんのせの高さは何m何cmでしょうか。また、何cmでしょうか。

📖教科書 49ページ**1** 51ページ**2**

❶ せの高さは、1mのものさしで

［　　　］こ分と、あと［　　　］cmだから、

［　　　］m［　　　］cmです。

25cm

1m

❷ 1m＝［　　　］cmなので、

［　　　］cmと25cmで［　　　］cmです。

2 □にあてはまる長さのたんいを書きましょう。

📖教科書 51ページ❸

❶ リビングのよこの長さ　　　7［　　　］

❷ ガムテープのはば　　　5［　　　］

3 □にあてはまる数を書きましょう。

📖教科書 51ページ❹

❶ 200cm＝［　　　］m

❷ 5m＝［　　　］cm

❸ 4m50cm＝［　　　］cm

❹ 508cm＝［　　　］m［　　　］cm

4 教室のたての長さとよこの長さを、1mのものさしではかりました。

📖教科書 51ページ**2**

❶ たての長さは、1mのものさしでちょうど8こ分でした。
たての長さは何mでしょうか。

（　　　　　　　　　）

❷ よこの長さは、1mのものさしで7こ分と、あと50cmでした。
よこの長さは何m何cmでしょうか。

（　　　　　　　　　）

❸ たての長さとよこの長さは、それぞれ何cmでしょうか。

たての長さ（　　　　　　　　　）　　よこの長さ（　　　　　　　　　）

おうちのかたへ　m（メートル）について学びます。1mという長さがどれだけのものなのか確かめておくこと
で、長さに対する量感を養うことができます。身近なもので確かめておきましょう。

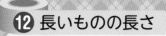

長いものの長さ [その2]

きほんのワーク

もくひょう
長さの計算のしかたを
知ろう。

おわったら
シールを
はろう

教科書 ⑦ 52〜53ページ　　答え 16ページ

きほん 1　長さの計算ができますか。

☆ ゆかさんのせの高さは１m20cmです。
先生のせの高さは１m60cmです。

❶ ゆかさんと先生のせの高さのちがいは
何cmでしょうか。

式　□ m □ cm − □ m □ cm = □ cm

同じたんいの数どうしを計算します。

答え □ cm

❷ ゆかさんが高さ35cmの台にのりました。
あわせた高さは何m何cmでしょうか。

式　□ m □ cm + □ cm = □ m □ cm

同じたんいの数どうしを計算します。

答え □ m □ cm

① きほん 1 で、先生が台にのりました。あわせた高さは何m何cmでしょうか。

式　　　　　　　　　　教科書 52ページ❸　　答え（　　　　　　　）

② □にあてはまる数を書きましょう。　　　　　　教科書 52ページ❺

❶ 3m60cmより15cm長い長さは □ m □ cmです。

❷ 2m80cmより50cmみじかい長さは □ m □ cmです。

❸ 4m20cm+3m= □ m □ cm

❹ 3m70cm−2m25cm= □ m □ cm

おうちのかたへ　mを使った長さのたし算やひき算でも、cmやmmのときと同様に計算できることを学びます。同じ単位の数どうしを計算すればよいことを確認しましょう。

まとめのテスト

教科書　下 48〜54ページ　答え 16ページ

時間 20分

とく点 ／100点

おわったら シールを はろう

1 よく出る 下のテープの長さは何cmでしょうか。また、何m何cmでしょうか。

1つ5〔15点〕

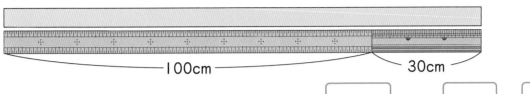

←——100cm——→　←30cm→

☐ cm、　☐ m ☐ cm

2 ☐ にあてはまる数を書きましょう。

1つ5〔55点〕

❶ 1mの6こ分の長さは ☐ mで、9こ分の長さは ☐ mです。

❷ 2mと50cmをあわせると、☐ m ☐ cmで、☐ cmです。

❸ 106cmは ☐ m ☐ cm、1m60cmは ☐ cmです。

❹ 3m40cmより45cm長い長さは ☐ m ☐ cmです。

また、3m40cmより35cmみじかい長さは ☐ cmです。

3 計算をしましょう。

1つ6〔12点〕

❶ 3m50cm+2m30cm

❷ 4m90cm−3m60cm

4 （　）にあてはまる長さのたんいを書きましょう。

1つ6〔18点〕

❶ ノートのあつさ …………………… 4（　　　）

❷ えんぴつの長さ ………………… 16（　　　）

❸ ろうかのはば ……………………… 3（　　　）

ふろくの「計算練習ノート」27ページをやろう！

☐ mとcmのかんけいがわかったかな？
☐ mやcmで、長さをあらわすことができるかな？

九九の表 ［その1］

もくひょう

九九の表をつくって、きまりを見つけよう。

おわったら
シールを
はろう

きほんのワーク

教科書 下 58〜63ページ　　答え 17ページ

きほん① 九九の表をつくることができますか。

☆ あいているところをうめて、九九の表をかんせいさせましょう。

かける数

	1	2	3	4	5	6	7	8	9
1	1	2	3	4	5	6	7	8	9
2	2	4	6	8	10		14	16	18
3		6	9	12	15	18	21	24	27
4	4	8	12	16	20	24	28	32	
5	5	10	15	20		30	35	40	45
6	6	12			30	36	42	48	54
7	7	14	21	28	35	42	49		63
8	8	16	24	32	40	48		64	72
9	9		27	36	45	54	63	72	81

かけられる数

3のだんでは、かける数が1ふえると、答えは3ふえる。ほかのだんでは、どうなのかな？

2×3と3×2は、答えが同じになるね。

たいせつ

① かけ算では、かける数が1ふえると、
答えは かけられる数 だけふえます。

② かけ算では、かけられる数と かける数 を入れかえて
計算しても、答えは同じになります。

1 □にあてはまる数を書きましょう。

教科書 61ページ❷・❸

❶ 4×7の答えは、4×6の答えより □ 大きいです。

❷ 5×9の答えは9× □ の答えと同じです。

 9のだんの九九の答えは、一の位と十の位をたすとぜんぶ9になるよ。
9、1+8＝9、2+7＝9、3+6＝9、…、たしかめてみよう。

☆ 右の九九の表を見て、
答えましょう。

① 4のだんの九九に
色(いろ)をぬりましょう。

② 5×4の答えに○
をつけましょう。

③ 答えが12になっ
ているところに△を
つけましょう。

かける数

	1	2	3	4	5	6	7	8	9
1	1	2	3	4	5	6	7	8	9
2	2	4	6	8	10	12	14	16	18
3	3	6	9	12	15	18	21	24	27
4	4	8	12	16	20	24	28	32	36
5	5	10	15	20	25	30	35	40	45
6	6	12	18	24	30	36	42	48	54
7	7	14	21	28	35	42	49	56	63
8	8	16	24	32	40	48	56	64	72
9	9	18	27	36	45	54	63	72	81

かけられる数

2 つぎの答えになる九九をぜんぶ書きましょう。　📖教科書 61ページ3

① 6 　（　　　　　　　　　　　　　　　）

② 15 　（　　　　　　　　　　　　　　　）

③ 18 　（　　　　　　　　　　　　　　　）

④ 25 　（　　　　　　　　　　　　　　　）

⑤ 42 　（　　　　　　　　　　　　　　　）

3 九九の表で、たてにたしたときやひいたときの答えをしらべました。

📖教科書 63ページ4

① 3のだんと4のだんをたてにたすと、何(なん)のだんの答えになるでしょうか。

（　　　　　　　　　）

② 8のだんから5のだんをたてにひくと、何のだんの　（　　　　　　　）
答えになるでしょうか。

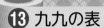

九九の表 [その2]

もくひょう
かけ算のきまりを
つかって、九九の表を
広げよう。

おわったら
シールを
はろう

きほんのワーク

教科書 ⓣ 64〜65ページ　答え 17ページ

きほん **1** 九九の表を広げることができますか。

☆ 3×13の答えをもとめましょう。

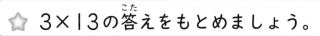

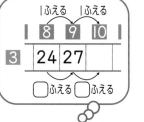

① かける数が1ふえると、答えは □ ふえます。

② 3×□として、□の中に、8、9、10、…と数を入れて、
3×13の答えをもとめます。

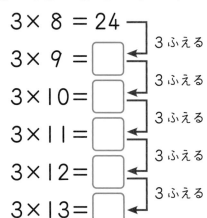

3× 8 = 24
3× 9 = □
3×10 = □
3×11 = □
3×12 = □
3×13 = □

3ふえる
3ふえる
3ふえる
3ふえる
3ふえる

3×13は、
3が13こ分だから、
3+3+3+…
と考えることもできるね。

式 3×13= □

答え □

1 13×3の答えのもとめ方について、□にあてはまる数を書きましょう。

教科書 64ページ⑤

❶ 13+13+13= □

❷ 13×1=13
13×2=26
13ふえる
13×3= □
13ふえる

❸ 3×13と答えが同じだから…

13×3
3×13

3×13= □

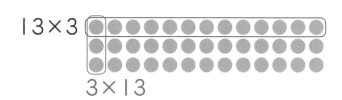
おうちのかたへ
九九のきまりを使って、九九の考えを広げていきます。
いろいろな方法で、求め方を工夫して計算できるように指導しましょう。

まとめのテスト

教科書 下 58〜66ページ 答え 18ページ

時間 **20**分

とく点 /100点

おわったら
シールを
はろう

1 右の九九の表を見て、答えましょう。

1つ10、❻❼1つ5〔100点〕

① 3×8の答えに〇をつけましょう。また、7×6の答えに△をつけましょう。

② ㋐のだんは、何のだんの答えでしょうか。

（　　　　　　　　　　）

③ ㋑のれつは、どんな九九の答えでしょうか。

（　　　　　　　　　　）

かける数

	1	2	3	4	5	6	7	8	9	10	11	12
1	1	2	3	4	5	6	7	8	9			
2	2	4	6	8	10	12	14	16	18			
3	3	6	9	12	15	18	21	24	27			
4	4	8	12	16	20	24	28	32	36			㋒
5	5	10	15	20	25	30	35	40	45			
6	6	12	18	24	30	36	42	48	54			|←㋐
7	7	14	21	28	35	42	49	56	63			
8	8	16	24	32	40	48	56	64	72			
9	9	18	27	36	45	54	63	72	81			
10												㋛
11												
12							㋓					

かけられる数

↑
㋑

④ 8のだんの九九では、かける数が1ふえると、答えはいくつふえるでしょうか。（　　　　　　　　　　）

⑤ つぎの答えになる九九をぜんぶ書きましょう。

●9 （　　　　　　　　　　　　　　　）

●24 （　　　　　　　　　　　　　　　）

⑥ ㋒にはどんな式の答えが入るでしょうか。また、㋒に入る答えをもとめましょう。　式（　　　　　　　　）　答え（　　　　　　）

⑦ ㋓にはどんな式の答えが入るでしょうか。また、㋓に入る答えをもとめましょう。　式（　　　　　　　　）　答え（　　　　　　）

⑧ ㋔に入る数をもとめましょう。

（　　　　　　　　　）

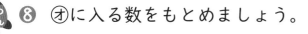

チェック ✔
□ 九九を広げて考えることができたかな？
□ 九九のいろいろなきまりがわかったかな？

⑭ はこの形

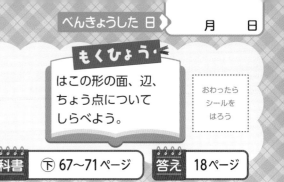

はこの形

きほんのワーク

もくひょう
はこの形の面、辺、ちょう点についてしらべよう。

おわったらシールをはろう

教科書　(下) 67～71ページ　　答え　18ページ

きほん ① 面の形や数がわかりますか。

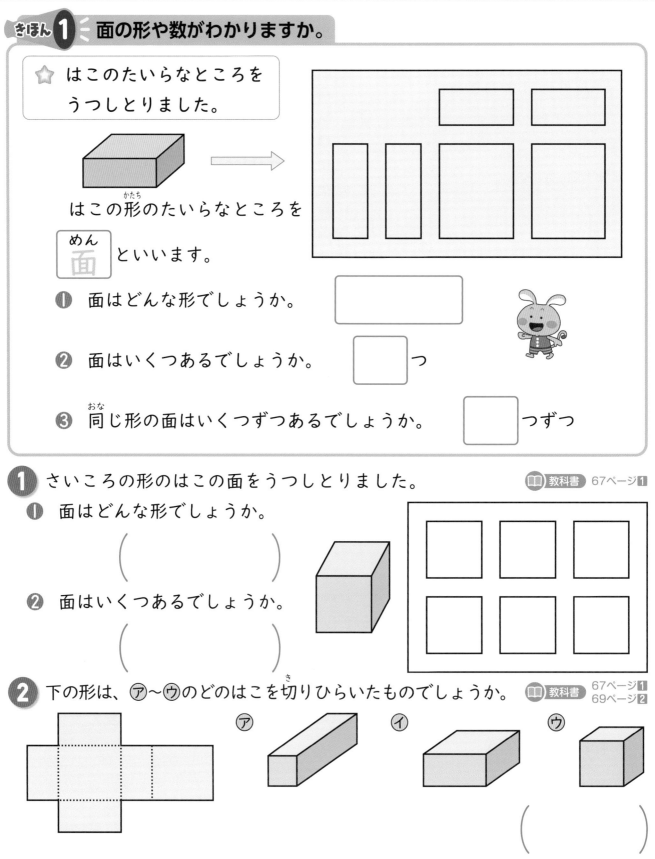

☆ はこのたいらなところをうつしとりました。

はこの形のたいらなところを **面** といいます。

① 面はどんな形でしょうか。

② 面はいくつあるでしょうか。 ☐ つ

③ 同じ形の面はいくつずつあるでしょうか。 ☐ つずつ

---

1 さいころの形のはこの面をうつしとりました。　　教科書 67ページ1

① 面はどんな形でしょうか。

（　　　　　）

② 面はいくつあるでしょうか。

（　　　　　）

---

2 下の形は、㋐～㋒のどのはこを切りひらいたものでしょうか。　　教科書 67ページ1　69ページ2

㋐　　　㋑　　　㋒

（　　　　　）

さんすうはかせ はこの形を切ってひらくと、6つの長方形や正方形がくっついた形になるよ。さいころの形を切ってひらくと、6つの正方形がくっついた形になるんだ。

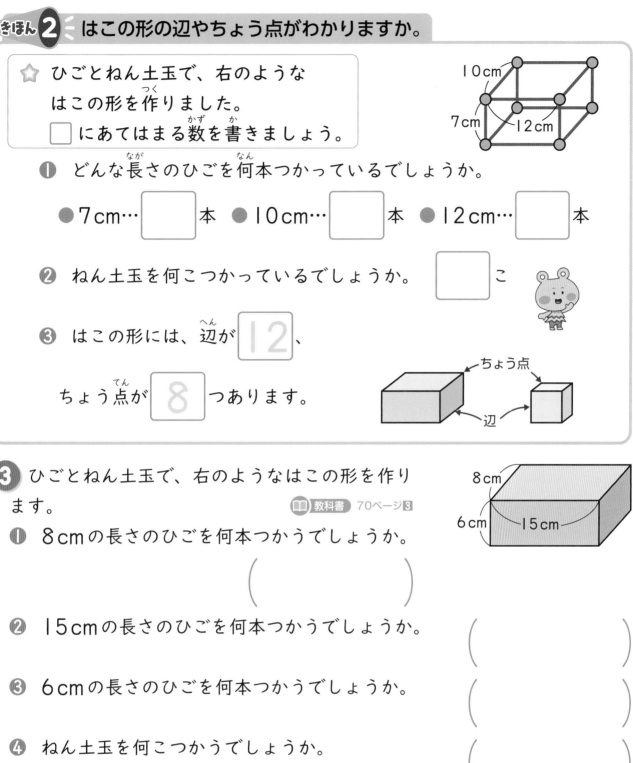

きほん2 はこの形の辺やちょう点がわかりますか。

☆ ひごとねん土玉で、右のような
はこの形を作りました。
□ にあてはまる数を書きましょう。

① どんな長さのひごを何本つかっているでしょうか。

● 7cm… □ 本　● 10cm… □ 本　● 12cm… □ 本

② ねん土玉を何こつかっているでしょうか。□ こ

③ はこの形には、辺が 12、

ちょう点が 8 つあります。

→ ちょう点
→ 辺

③ ひごとねん土玉で、右のようなはこの形を作り
ます。　📖 教科書 70ページ3

① 8cmの長さのひごを何本つかうでしょうか。

（　　　　　）

② 15cmの長さのひごを何本つかうでしょうか。

（　　　　　）

③ 6cmの長さのひごを何本つかうでしょうか。

（　　　　　）

④ ねん土玉を何こつかうでしょうか。

（　　　　　）

④ ひごとねん土玉で、右のようなさいころの形を
作ります。　📖 教科書 70ページ3・4

① どんな長さのひごを何本つかうでしょうか。

□ cmのひごを □ 本

② ねん土玉を何こつかうでしょうか。

（　　　　　）

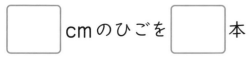おうちのかたへ　立体図形を学ぶ最初の段階で、箱の形を学習します。高学年になってからの図形の学習にスムーズに入れるように、楽しみながら学習しましょう。

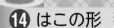

れんしゅうのワーク

できた 数

／5もん 中

おわったら
シールを
はろう

教科書 ⑦ 67〜72ページ ｜ 答え 18ページ

1 辺とちょう点 ひごとねん土玉で、右のようなはこの形を作ります。

❶ どんな長さのひごを何本ずつつかうでしょうか。

（　　　　　　　　　　　　　）

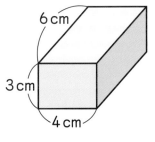

❷ ねん土玉を何こつかうでしょうか。

（　　　　　　）

2 面の形 画用紙で右のような形のはこを作ります。
下の図のどの四角形をいくつずつつかうでしょうか。

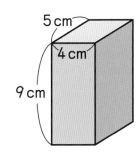

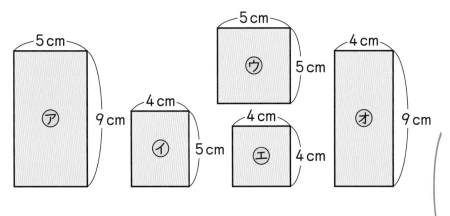

（　　　　　　　　　　　　　）

3 さいころの面 下の図を組み立てて、さいころの形を作ります。

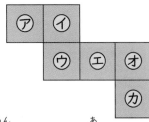

❶ ㋐の面とむかい合う面はどれでしょうか。

（　　　　　　）

❷ ㋑の面と㋕の面はむかい合います。㋑の面が • のとき、
㋕の面のさいころの目をかきましょう。

（　　　）

できるナビ ❷ のはこは、面の形がぜんぶ長方形になっているよ！
❸ さいころは、むかい合う面の目の数をたすと 7 になるというきまりがあるよ。

 まとめのテスト

教科書 下 67〜72ページ　　答え 18ページ

時間 20分

とく点 ／100点

おわったら シールを はろう

1 よく出る □にあてはまることばを書きましょう。　　　　1つ8〔24点〕

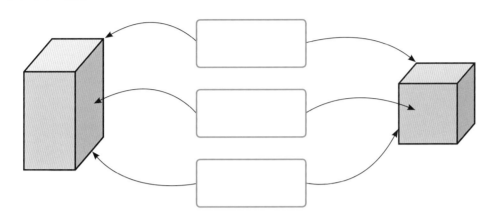

2 下の図を組み立てると、どの形のはこができるでしょうか。　　〔12点〕

ア　　　　　　　イ　　　　　　　ウ

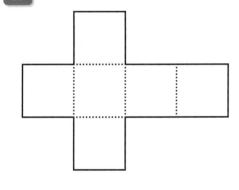 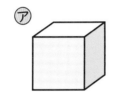 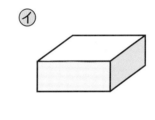 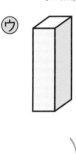

（　　　　　）

3 ひごとねん土玉で、右のようなはこの形を作ります。
□にあてはまる数を書きましょう。　　　　1つ8〔64点〕

7cm
10cm
6cm

❶ ねん土玉を □ こつかいます。

❷ どんな長さのひごを何本ずつつかうでしょうか。

6cm… □ 本、7cm… □ 本、10cm… □ 本

❸ はこの形には、面が □ つあり、同じ形の面が □ つずつあります。

また、辺が □ 、ちょう点が □ つあります。

 チェック✓
□ はこの形のちょう点や辺や面の数がいえたかな？
□ はこの形の辺の長さや面の形のちがいがいえたかな？

85

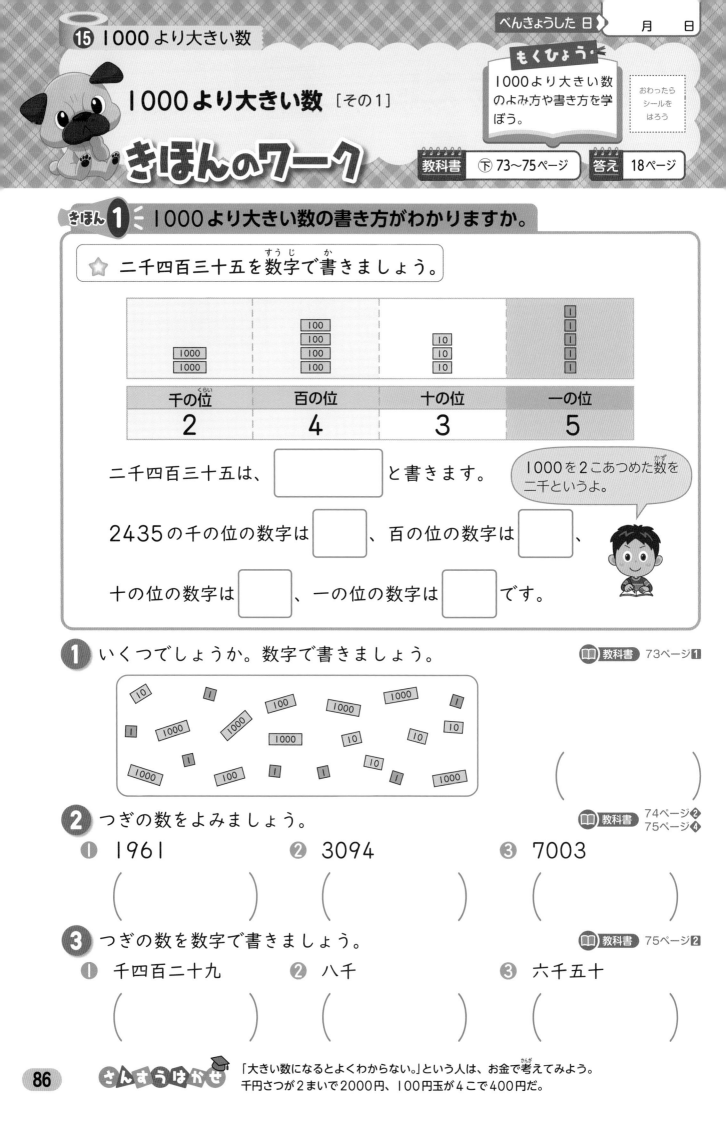

☆ □にあてはまる数を書きましょう。

❶ 1000を3こと、100を6こと、1を7こあわせた数は、

□ です。

❷ 6035は、1000を□こと、10を□こと、1を□こ

あわせた数です。

---

4 □にあてはまる数を書きましょう。　📖教科書 75ページ❷
　　　　　　　　　　　　　　　　　　　　　　　　 75ページ❺

❶ 1000を7こと、100を2こと、10を4こと、1を6こあわせた数は

□ です。

❷ 9674は、1000を□こと、100を□こと、10を□こと、

1を□こあわせた数です。

❸ 3060は、1000を□こと、10を□こあわせた数です。

❹ 千の位が4、百の位が5、十の位が8、一の位が9の数は□

です。

❺ 千の位が2、百の位が0、十の位が3、一の位が8の数は□

です。

---

5 □にあてはまる＞か＜のしるしを書きましょう。　📖教科書 75ページ❻

❶ 7000 □ 6990　　❷ 4089 □ 4098

❸ 9308 □ 9311　　❹ 8267 □ 8264

大＞小、
小＜大だね。

おうちのかたへ　1000より大きい数の表し方を学習します。
空位にとまどうお子さんが多く見られますので、注意して指導を行います。

1000より大きい数 [その2]

べんきょうした 日　月　日

もくひょう
1000より大きい数
のしくみや、10000
という数を知ろう。

おわったら
シールを
はろう

きほんのワーク

教科書　下 76〜78ページ　答え　19ページ

きほん① 100のまとまりで考えることができますか。

⭐ 100を24こあつめた数はいくつでしょうか。
　□にあてはまる数を書きましょう。

100が20こで □

100が 4こで □

あわせて □

100を10こあつめた数が1000です。

1 4200は100を何こあつめた数でしょうか。□にあてはまる数を
書きましょう。

教科書　76ページ④

4000は100が □ こ

200は100が □ こ

あわせて □ こ

1000は100が10こだから…

2 □にあてはまる数を書きましょう。

教科書　76ページ③・④

❶ 100を67こあつめた数は □ です。

❷ 8000は1000を □ こあつめた数です。

また、8000は100を □ こあつめた数です。

　日本の数の数え方は、一、十、百、千、万までは10倍ごとにかわるよ。
でも、万より大きくなると1万倍ごとに数え方がかわるんだ。

☆ ☐ にあてはまる数を書きましょう。

| 1000 | 1000 | 1000 | 1000 | 1000 | 1000 | 1000 | 1000 | 1000 | 1000 |

100が10こ …❹のヒント

❶ 1000を10こあつめた数を**一万**（いちまん）といい、☐10000☐ と書きます。

❷ 9000は、あと ☐ で10000になります。

❸ 10000より1小さい数は ☐9999☐ です。

> 1000が10こで
> 10000、
> 100が100こで
> 10000だね。

❹ 10000は、100を ☐ こあつめた数です。

---

3 ☐ にあてはまる数を書きましょう。　　　📖 教科書 78ページ❽

❶ 9000より1000大きい数は ☐ です。

❷ 10000は1000を ☐ こあつめた数です。

❸ 10000は9990より ☐ 大きい数です。

❹ 10000より100小さい数は ☐ です。

---

4 ☐ にあてはまる数を書きましょう。　　　📖 教科書 77ページ❺

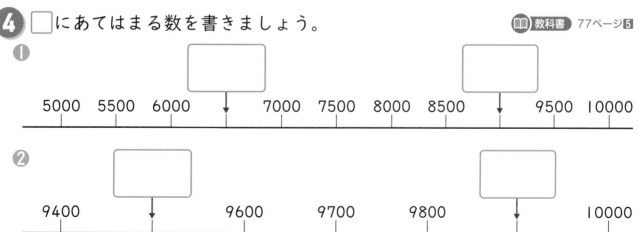

❶
| 5000 | 5500 | 6000 | ↓ | 7000 | 7500 | 8000 | 8500 | ↓ | 9500 | 10000 |

❷
| 9400 | ↓ | 9600 | 9700 | 9800 | ↓ | 10000 |

おうちのかたへ　1000より大きい数の表し方やしくみを学習します。10000は、1000を10個集めたもの、100を100個集めたものというイメージを持ちましょう。

1000より大きい数 [その3]

もくひょう
数の線のよみ方を知ろう。100のまとまりで考えて計算しよう。

おわったら
シールを
はろう

きほんのワーク

教科書 〔下〕 78〜80ページ　　答え 19ページ

きほん **1**　数の線のよみ方がわかりますか。

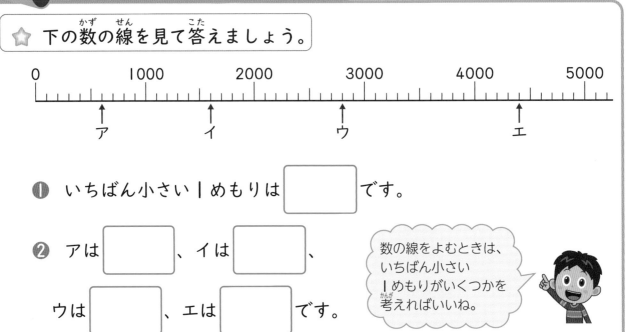

☆　下の数の線を見て答えましょう。

❶　いちばん小さい1めもりは □ です。

❷　アは □ 、イは □ 、
　　ウは □ 、エは □ です。

数の線をよむときは、いちばん小さい1めもりがいくつかを考えればいいね。

---

1 □ にあてはまる数を書きましょう。　　📖教科書 78ページ❾

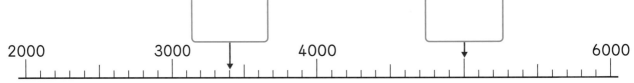

---

2 下の数の線で、つぎの数をあらわすめもりに↑とその数を書きましょう。
　　📖教科書 78ページ❾

❶ 1000を6こと、100を8こあわせた数
❷ 1000を7こと、10を5こあわせた数
❸ 6000より200小さい数
❹ 100を85こあつめた数

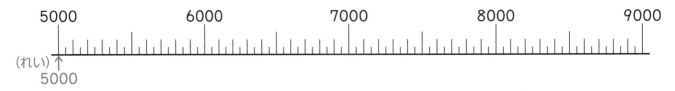

---

90 〔はってん〕さんすうはかせ
1万の1万倍が億、1億の1万倍が兆。億や兆も聞いたことがあるかな。
兆の上の位は、京、垓、…、不可思議、無量大数とつづくよ。

きほん 2 100が何こかを考えて計算できますか。

☆ 700＋600、1300－700の計算<small>けいさん</small>のしかたを考えましょう。

❶ 700＋600

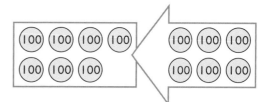

100の何こ分<small>なん ぶん</small>かで考えると、

7＋□＝13

700＋600＝□

❷ 1300－700

100の何こ分かで考えると、

13－□＝6

1300－700＝□

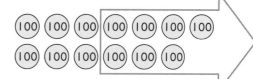

100円玉で
考えてみれば
いいね。

❸ 計算をしましょう。

📖 教科書 79ページ **6**
79ページ **10**

❶ 800＋400

❷ 700＋700

❸ 200＋900

❹ 300＋800

❺ 1200－600

❻ 1100－800

100の何こ分かで
考えればわかるね。

❼ 1500－700

❽ 1300－600

おうちのかたへ 数直線の表し方・読み方では、いちばん小さい1目盛りがいくつを表しているかをもとに考えます。何百の計算では、100のまとまりがいくつかをもとに考えます。

べんきょうした 日 ▶ 月 日

できた 数

/12もん 中

おわったら
シールを
はろう

れんしゅうのワーク

教科書 ⑤ 73〜82ページ | 答え 19ページ

1 数の大小 □にあてはまる ＞か＜のしるしを書きましょう。

① 8000 □ 7998

② 4099 □ 4401

③ 6389 □ 6398

④ 8880 □ 8808

2 数のしくみ □にあてはまる数を書きましょう。

① 9400は、□ と400をあわせた数です。

② 9400は、□ より600小さい数です。

③ 9400は、100を□ こあつめた数です。

3 1000より大きい数 ⓪、①、②、③、④の
5まいのカードから、4まいえらんで、
いろいろな数をつくりましょう。
（⓪のカードを千の位におくことは
できません。）

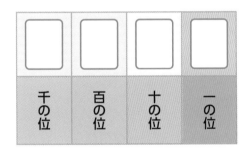
千の位 百の位 十の位 一の位

① いちばん小さい数

② 2番めに大きい数

③ 3番めに小さい数

④ 2000にいちばん近い数

⑤ 3500にいちばん近い数

できるナビ 大きい位の数字が小さいほど、数は小さくなるよ。
大きい位の数字が大きいほど、数は大きくなるね。

まとめのテスト

教科書 ⊤ 73〜82ページ 　答え 20ページ

1 よく出る つぎの数を数字で書きましょう。 　　　　1つ10〔20点〕

❶
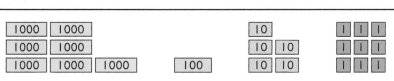

（　　　　　　）

❷
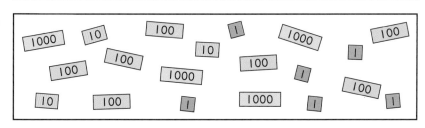

（　　　　　　）

2 □にあてはまる数を書きましょう。 　　　　1つ10〔60点〕

❶ 千の位が4、百の位が2、十の位が0、一の位が8の数は

　□ です。

❷ 5600は、100を □ こあつめた数です。

❸ 100を70こあつめた数は □ です。

❹ 100を100こあつめた数は □ です。

❺ [8000]─[8500]─[　　]─[9500]─[　　]

3 □にあてはまる＞か＜のしるしを書きましょう。 　　　1つ5〔10点〕

❶ 7062 □ 7621　　　　❷ 5810 □ 5801

4 計算をしましょう。 　　　　1つ5〔10点〕

❶ 800＋500＝ □ 　　　　❷ 700＋900＝ □

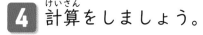

ふろくの「計算練習ノート」25〜26ページをやろう！

 □ 1000より大きい数のしくみがわかったかな？
□ 10000がどんな大きさの数かわかったかな？

図をつかって考えよう ［その１］

もくひょう
図にあらわして、いろいろなもんだいをとこう。

おわったら
シールを
はろう

きほんのワーク

教科書 下 85〜89ページ　答え 20ページ

きほん ① 図にあらわして考えることができますか。

☆ たまごが12こありました。何こか買ってきたので、ぜんぶで26こになりました。買ってきたたまごは何こでしょうか。
図を見て、答えをもとめる式を考えましょう。
□ にあてはまる数を書きましょう。

① テープ図にあらわしましょう。

図のどこをもとめるのかな。

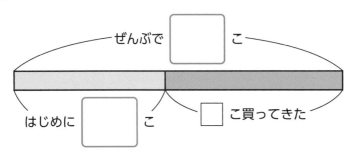

ぜんぶで □ こ

はじめに □ こ　　□ こ買ってきた

 ＋ □ ＝ □

② 買ってきたたまごの数をもとめる式と答えを書きましょう。

式 □ － □ ＝ □　　　　答え □ こ

① 色紙が14まいありました。何まいかもらったので、ぜんぶで30まいになりました。もらった色紙は何まいでしょうか。

📖 教科書 86ページ**1**

① □ にあてはまる数を書きましょう。

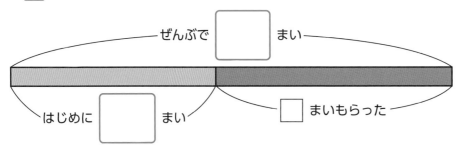

ぜんぶで □ まい

はじめに □ まい　　□ まいもらった

② もらった色紙のまい数をもとめる式を書いて、答えをもとめましょう。

式 □ － □ ＝ □

答え □ まい

 さんすうはかせ
日本では8は吉の数。八の字がすえひろがりでえんぎのいい数だとされているよ。でも、えんぎのわるい数と思われている国もあるんだ。

☆ えんぴつが何本かありました。27本くばったので、のこりが9本になりました。はじめにえんぴつは何本あったでしょうか。

❶ 図を見て考えましょう。□にあてはまる数を書きましょう。

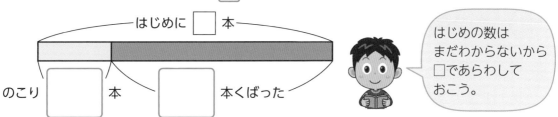

はじめに □ 本

のこり □ 本　□ 本くばった

はじめの数は
まだわからないから
□であらわして
おこう。

❷ はじめのえんぴつの数をもとめる式と答えを書きましょう。

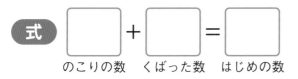

式　□ ＋ □ ＝ □
　　のこりの数　くばった数　はじめの数

答え □ 本

❷ リボンを何mか買ってきました。そのうち15mつかいました。まだ7mのこっています。買ってきたリボンは何mだったでしょうか。 📖教科書 88ページ❷ 89ページ❷

❶ テープ図にあらわしましょう。

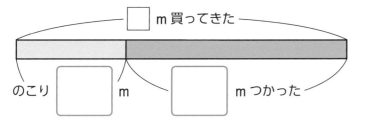

□ m買ってきた

のこり □ m　□ mつかった

❷ 式を書いて、答えをもとめましょう。

式　　　　　　　　　　　　　答え（　　　　　　）

❸ ちゅう車場に車が何台かありました。18台入ってきたので、ぜんぶで23台になりました。はじめに車は何台あったでしょうか。 📖教科書 89ページ❸

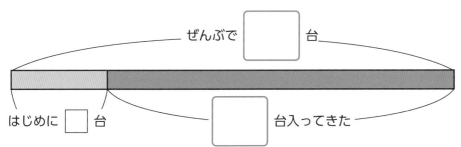

ぜんぶで □ 台

はじめに □ 台　□ 台入ってきた

式　　　　　　　　　　　　　答え（　　　　　　）

おうちのかたへ 図を見て、答えを求める式を立てることを学習します。わかっている数とわからない数（もとめる数）をテープ図に表して、論理的に考える習慣を身につけることがねらいです。

図をつかって考えよう [その2]

きほんのワーク

もくひょう

図にあらわして、
いろいろなもんだいを
とこう。

おわったら
シールを
はろう

教科書　下 90ページ　答え　20ページ

きほん 1　へった数をもとめられますか。

☆ 150円もっていました。何円かつかったので、のこりが90円に
なりました。つかったお金は何円でしょうか。

❶ 図を見て考えましょう。□にあてはまる数を書きましょう。

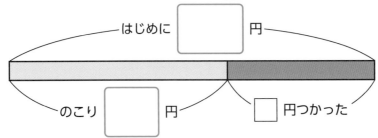

はじめに □ 円

のこり □ 円　　　□ 円つかった

図をかくと、
かんけいが
よくわかるね！

❷ つかったお金をもとめる式と答えを書きましょう。

式 □ − □ = □
　　はじめ　のこり　つかったお金

答え □ 円

---

❶ みかんが32こありました。何こか食べたので、のこりが18こになり
ました。食べたみかんは何こでしょうか。

📖教科書　90ページ❸

❶ テープ図にあらわしましょう。

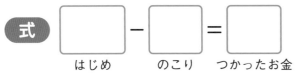

はじめに □ こ

のこり □ こ　　□ こ食べた

❷ 式を書いて、答えを
もとめましょう。

式

答え（　　　　　）

❷ 公園に子どもが20人いました。何人か帰ったので、のこりが9人になり
ました。帰ったのは何人でしょうか。テープ図にあらわして考えましょう。

📖教科書　90ページ❸

図

式

答え（　　　　　）

おうちのかたへ　減った数を求める問題です。減った数がわからない問題は、理解が難しいお子さんも多いの
で、しっかり図に表して納得できるようにしましょう。

まとめのテスト

1 よく出る カードが何まいかありました。19まいあげたので、のこりが16まいになりました。はじめにカードは何まいあったでしょうか。

❶1つ10 ❷1つ15〔50点〕

❶ □にあてはまる数を書きましょう。

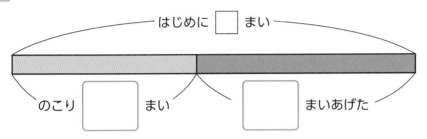

はじめに □ まい

のこり □ まい   □ まいあげた

❷ 式を書いて、答えをもとめましょう。

式

答え（ ）

2 きのう、わかざりを何こか作りました。今日は15こ作ったので、ぜんぶで43こになりました。きのう作ったわかざりは何こでしょうか。

1つ10〔50点〕

❶ □にあてはまる数やことばを書きましょう。

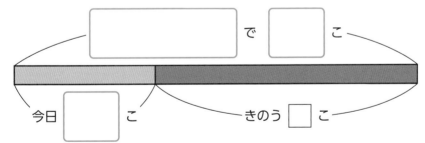

□ で □ こ

今日 □ こ   きのう □ こ

❷ 式を書いて、答えをもとめましょう。

式

答え（ ）

 ☑ 図にもんだいの数をしっかりあらわせたかな？
☑ 図を見て、式や答えを書くことができたかな？

1 を分けて ［その1］

もくひょう
分けた大きさの
あらわし方を知ろう。

おわったら
シールを
はろう

きほんのワーク

教科書 下 92～97ページ　答え 21ページ

きほん 1 分数のあらわし方がわかりますか。

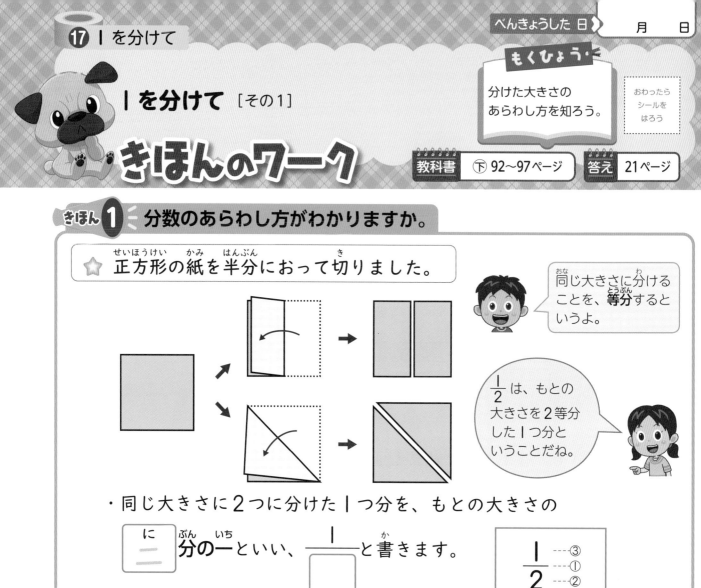

☆ 正方形の紙を半分におって切りました。

同じ大きさに分ける
ことを、**等分**すると
いうよ。

$\frac{1}{2}$ は、もとの
大きさを2等分
した1つ分と
いうことだね。

・同じ大きさに2つに分けた1つ分を、もとの大きさの

　□に 分の一といい、$\frac{1}{□}$と書きます。

　$\frac{1}{2}$ ----③ ----① ----②

・$\frac{1}{2}$ のようにあらわした数を、**分数** といいます。

1 長方形の紙をおって切りました。切った1つ分の大きさは、もとの
大きさの何分の一でしょうか。分数であらわしましょう。

📖 教科書 94ページ② 95ページ③

もとの大きさ

$\frac{1}{□}$　　$\frac{1}{□}$　　$\frac{1}{□}$

2 $\frac{1}{8}$ に切った長さを何倍すると、もとの長さになるでしょうか。

📖 教科書 95ページ③

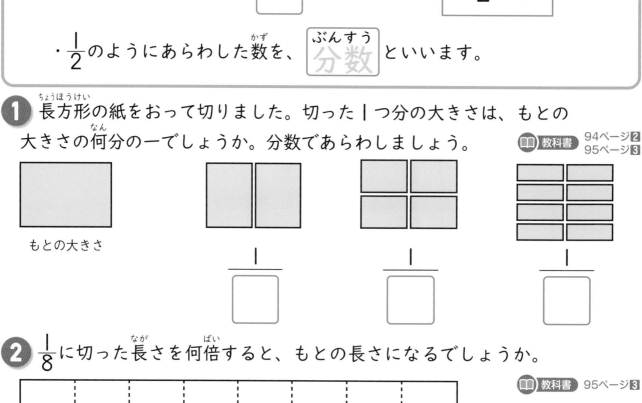

（　　　　　　）

さんすうはかせ 正方形や長方形の紙を2つにおって切った形が同じ大きさかどうかたしかめるには、紙をか
さねてみるといいよ。ぴったりかさなれば、同じ大きさだよ。

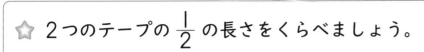
☆ 2つのテープの $\frac{1}{2}$ の長さをくらべましょう。

① 赤のテープは、もとの
長さが14cmでした。

このテープの $\frac{1}{2}$ の長さは、

□＋□＝14

（□には同じ数があてはまります。）
の式の□を考えます。

これより、 $\frac{1}{2}$ の長さは、　□ cmです。

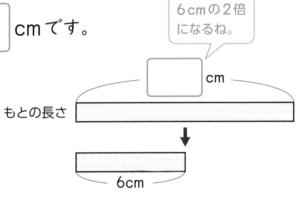

もとの長さ

14cm

cm

14cmの $\frac{1}{2}$ になるね。

② 青のテープの $\frac{1}{2}$ の長さは

6cmでした。

このテープのもとの長さは、

□ cmです。

6cmの2倍になるね。

もとの長さ

6cm

cm

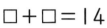 **ちゅうい**

もとの長さがちがうと、

その $\frac{1}{2}$ の長さもちがいます。

---

❸ 2つのテープの $\frac{1}{2}$ の長さをくらべましょう。　📖**教科書** 97ページ**4**

① 黄色のテープは、もとの長さが18cmでした。このテープの $\frac{1}{2}$ の長さ

は何cmでしょうか。

（　　　　　）

② みどり色のテープの $\frac{1}{2}$ の長さは8cmでした。このテープのもとの長さ

は何cmでしょうか。

（　　　　　）

③ □にあてはまることばを書きましょう。

もとの長さが　□　と、その $\frac{1}{2}$ の長さもちがいます。

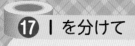

1を分けて [その2]

もくひょう
同じ大きさに分ける
ほうほうを知ろう。

おわったら
シールを
はろう

きほんのワーク

教科書　下 98ページ　答え 21ページ

きほん 1　同じ大きさに分けることができますか。

☆ 右のように、●が6こあります。
これを1人分が同じになるように分けます。

❶ 2人に分けると、1人分は何こになるでしょうか。

これは2等分になり、6この $\frac{1}{2}$ になります。

この数は右の図のように考えると、

◻ こになることがわかります。

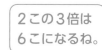

3この2倍は
6こになるね。

❷ 3人に分けると、1人分は何こになるでしょうか。

これは3等分になり、6この $\frac{1}{3}$ になります。

この数は右の図のように考えると、

◻ こになることがわかります。

2この3倍は
6こになるね。

1 右のように、●が24こあります。これを、1人分
が同じになるように分けます。　📖教科書 98ページ5

❶ 2人に分けると、1人分は何こになるでしょうか。

(　　　　　)

❷ 3人に分けると、1人分は何こになるでしょうか。

(　　　　　)

❸ 4人に分けると、1人分は何こになるでしょうか。

(　　　　　)

おうちのかたへ　わり算や分数のかけ算は未習なので、計算で求めるのではなく、図で考えて答えを出します。
同じ大きさに分けるように注意します。

まとめのテスト

時間 20分

とく点 /100点

おわったら シールを はろう

教科書　下 92〜99ページ　答え 22ページ

1 よく出る 正方形の紙をおって切りました。切った1つ分の大きさを、分数であらわしましょう。

1つ10〔30点〕

もとの大きさ

㋐

$\left(\dfrac{}{} \right)$

㋑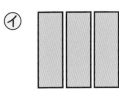

$\left(\dfrac{}{} \right)$

㋒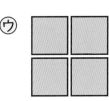

$\left(\dfrac{}{} \right)$

2 色をぬったところの大きさを何倍すると、もとの大きさになるでしょうか。

1つ10〔30点〕

❶ 　$()$

❷ 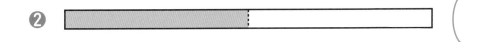　$()$

❸ 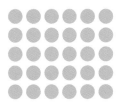　$()$

3 右のように、●が30こあります。これを、1人分が同じになるように分けます。

1つ20〔40点〕

❶ 2人に分けると、1人分は何こになるでしょうか。

$()$

❷ 3人に分けると、1人分は何こになるでしょうか。

$()$

□いろいろな大きさを分数であらわせたかな？
□倍と分数のかんけいがわかったかな？

まとめのテスト❶

時間 20分

とく点　/100点

おわったら
シールを
はろう

教科書　下 104ページ　答え 22ページ

1 つぎの数を書きましょう。　　　　　　　　　　　1つ5〔20点〕

❶ 1000を6こと、10を3こと、1を2こあわせた数　（　　　　）

❷ 10を38こあつめた数　（　　　　）

❸ 100を72こあつめた数　（　　　　）

❹ 10000より1000小さい数　（　　　　）

2 ↑のめもりがあらわす数を書きましょう。　　　　1つ5〔20点〕

2000　3000　4000　5000　6000　7000　8000　9000　10000

ア　　　イ　　　　　　ウ　　　　　　　エ

ア（　　　　）イ（　　　　）ウ（　　　　）エ（　　　　）

3 計算をしましょう。　　　　　　　　　　　　　1つ5〔20点〕

❶ 400+600　　　　　　　❷ 800-300

❸ 1000-500　　　　　　❹ 600+900

4 □にあてはまる＞か＜のしるしを書きましょう。　1つ5〔20点〕

❶ 725 □ 752　　　　　　❷ 398 □ 401

❸ 2987 □ 2789　　　　　❹ 6060 □ 6006

5 計算をしましょう。　　　　　　　　　　　　　1つ5〔20点〕

❶ 74+28　　　　　　　　❷ 527+43

❸ 108-99　　　　　　　　❹ 345-26

□ 数の線のめもりを正しくよめたかな？
□ たし算とひき算の計算をまちがえずにできたかな？

まとめのテスト❷

とく点 /100点

おわったら シールを はろう

教科書 下 105〜107ページ 答え 22ページ

1 計算をしましょう。 1つ5〔30点〕

① 3×8   ② 4×6   ③ 8×7

④ 5×7   ⑤ 2×9   ⑥ 1×3

2 $\frac{1}{4}$の大きさに色をぬりましょう。 1つ10〔30点〕

① 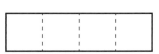   ②    ③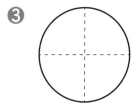

3 □ にあてはまる数を書きましょう。 1つ5〔10点〕

① 6L9dL = _____ mL   ② 5m8cm = _____ cm

4 時計の時こくを、午前か午後をつけて書きましょう。 1つ5〔10点〕

① 朝

② 夜

(   )   (   )

5 おかしの数を、表やグラフにあらわしましょう。

1つ10〔20点〕

おかしの数しらべ

ガム	あめ	せんべい	ケーキ	ラムネ

おかしの数しらべ

しゅるい	ガム	あめ	せんべい	ケーキ	ラムネ
数(こ)					

 □ 九九をぜんぶおぼえたかな？
□ グラフや表にあらわして数をくらべることができたかな？

 ふろくの「計算練習ノート」28〜29ページをやろう！

学びのワーク

おわったら
シールを
はろう

教科書　⊕ 145ページ　　答え　22ページ

きほん 1 どんなうごき方になるかわかりますか。

☆ ロボットをうごかして、ターゲットの数をつくりましょう。

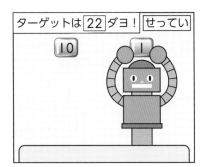

ターゲットは 22 ダヨ！ せってい

10 のボタンを
おすと10が、
1 のボタンを
おすと1が
出てきます。

あ
| スタートをおすと |
| ボタンをおす |
| ボタンをおす |
| 左に 1 うごく |
| ボタンをおす |
| ボタンをおす |

い
| スタートをおすと |
| ↻ 6回くり返す |
| ボタンをおす |
| ボタンをおす |
| 左に 1 うごく |
| ボタンをおす |

・右の**あ**のようにしじすると、ロボットは

 1 を [　] 回、 10 を [　] 回

ボタンをおして、22 をつくります。

・右の**い**のようにしじすると、ロボットは

1 を [　] 回、 10 を [　] 回

ボタンをおして、22 をつくります。

あもいも22をつくる
しじだね。ほかにも
22をつくるしじは
あるかな。

1 右の図のロボットをうごかして、

ターゲットの数をつくります。
ターゲットが214のときのしじは
どれでしょうか。　📖教科書 145ページ

ターゲットは 214 ダヨ！ せってい

ア
| スタートをおすと |
| ボタンをおす |
| ボタンをおす |
| 右に 2 うごく |
| ↻ 7回くり返す |
| ボタンをおす |
| ボタンをおす |

イ
| スタートをおすと |
| ボタンをおす |
| 右に 1 うごく |
| ボタンをおす |
| 右に 1 うごく |
| ↻ 4回くり返す |
| ボタンをおす |

ウ
| スタートをおすと |
| ボタンをおす |
| ボタンをおす |
| 右に 2 うごく |
| ↻ 4回くり返す |
| ボタンをおす |

（　　　　）

おうちのかたへ
ロボットの動き方を考えながら指示をします。
同じ数でも様々な指示の方法があるので、一緒に考えてみてください。

夏休みのテスト①

名前

とく点　/100点

時間 30分

教科書　⊕11～105ページ　　答え　23ページ

おわったら シールを はろう

---

1 くだものの 数を 表や グラフに あらわしましょう。　1つ5[10点]

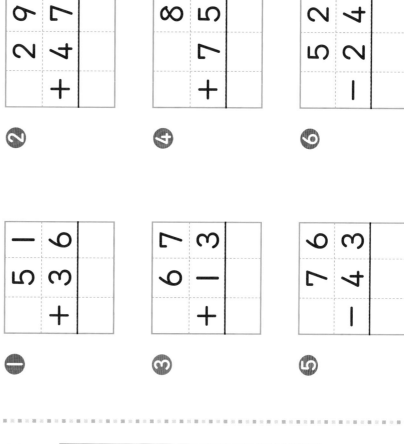

くだものの 数しらべ

いちご	りんご	バナナ	みかん	メロン

くだものの 数しらべ

しゅるい	いちご	りんご	バナナ	みかん	メロン
数（こ）					

---

5 筆算で しましょう。　1つ4[32点]

① 　5 1
＋3 6

② 　2 9
＋4 7

③ 　6 7
＋1 3

④ 　　8
＋7 5

⑤ 　7 6
－4 3

⑥ 　5 2
－2 4

⑦ 　8 0

⑧ 　6 4

1 長さは、それぞれ どれだけでしょうか。 1つ5[10点]

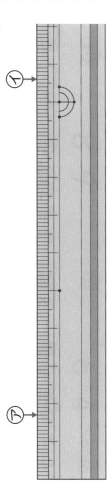

⑦（　　）　①（　　）

3 くふうして 計算しましょう。 1つ4[8点]

① 9+27+3　　② 35+6+5

（　　）　　　（　　）

4 右の 時計の 時こくは、午前8時25分です。30分間 たった 時こくを 答えましょう。 [5点]

（　　）

（　−5 7　）　（　−3 1　）

6 □に あてはまる 数を 書きましょう。 1つ5[15点]

880 ―①―― 890 ―②―― ③―― 905 ― 910

7 筆算で しましょう。 1つ5[20点]

① 6 7
＋ 7 5

② 5 4
＋ 4 8

③ 1 7 9
− 8 6

④ 1 0 5
− 4 7

3 かけ算をしましょう。　1つ4[40点]

① 6×4　（　）　② 8×8　（　）

③ 1×4　（　）　④ 7×9　（　）

⑤ 5×2　（　）　⑥ 3×1　（　）

⑦ 9×6　（　）　⑧ 2×3　（　）

⑨ 4×5　（　）　⑩ 1×7　（　）

ましょう。　1つ4[12点]

① 2L　200dL

② 5dL　500mL

③ 4m　40cm

6 計算をしましょう。　1つ4[16点]

① 5m10cm+4m　（　）

② 6m78cm−2m　（　）

③ 2m40cm+1m37cm　（　）

④ 4m56cm−12cm　（　）

冬休みのテスト②

1 水のかさは何L何dLでしょうか。　1つ4[8点]

①

（　　　　　）

②

（　　　　　）

2 つぎの三角形や四角形の名前を書きましょう。　1つ4[8点]

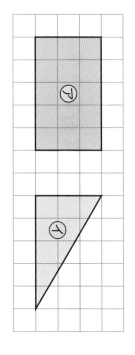

①（　　　　　）　②（　　　　　）

名前

時間 30分

数科書 ⊕106〜134ページ,⊖ 4〜57ページ　答え 23ページ

べんきょうした日　月　日

とく点　/100点

おわったら
シールを
はろう

4 ●の数を、くふうしてもとめましょう。　1つ4[16点]

①

式

答え（　　　　　）

②

式

答え（　　　　　）

5 □にあてはまる＞、＜、＝のしるしを書き

学年末のテスト ①

時間 30分

名前

とく点

/100点

答え　24ページ

教科書　⊕11〜134ページ・⊕4〜107ページ

おわったら
シールを
はろう

---

1 かけ算をしましょう。　1つ3[36点]

① 5×5 （　　）

② 6×8 （　　）

③ 4×7 （　　）

④ 8×1 （　　）

⑤ 9×3 （　　）

⑥ 7×6 （　　）

⑦ 6×2 （　　）

⑧ 3×4 （　　）

⑨ 2×9 （　　）

⑩ 9×7 （　　）

---

3 つぎの数を数字で書きましょう。　1つ5[10点]

①

（　　）

②

（　　）

---

4 つぎの数はいくつでしょうか。　1つ4[16点]

① 1000を3こと、10を9こあわせた数

（　　）

① 1×5 （　　）

⑫ 8×6 （　　）

② 100 を 80 こあつめた数 （　　）

③ 1000 より 100 小さい数 （　　）

④ 9999 より 1 大きい数 （　　）

2 □ にあてはまる数を書きましょう。

1つ5〔30点〕

① 1m= ☐ cm

② 36mm= ☐ cm ☐ mm

③ 5cm7mm= ☐ mm

④ 480cm= ☐ m ☐ cm

⑤ 1L= ☐ mL

⑥ 1L= ☐ dL

5 色をぬったところの大きさは、もとの大きさの何分の一でしょうか。

1つ4〔8点〕

①

②

算数 2年 教出 ③ オモテ

3 長いすが5こあります。1この長いすに7人ずつすわると、みんなで何人すわれるでしょうか。 1つ6[12点]

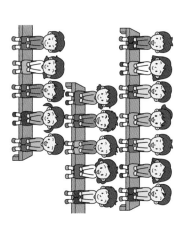

式

答え（　　　　　）

6 135円のノートと48円のえんぴつを、1つずつ買います。あわせて何円になるでしょうか。 1つ7[14点]

ノート 135円　　48円

式

答え（　　　　　）

7 小せつが12さつ、図かんが6さつ、絵本が14さつあります。ぜんぶで何さつあるでしょうか。 1つ7[14点]

式

答え（　　　　　）

実力はんてい
まるごと
文章問題テスト②
ぶんしょうだい

いろいろな文章題にチャレンジしよう！

時間 30分

名前

べんきょうした日　月　日

とく点　／100点

おわったら
シールを
はろう

答え　24ページ

1 みかんが 24 こありました。何こか食べた
ので、のこりが 15 こになりました。食べた
みかんは何こでしょうか。

1つ6[24点]

式

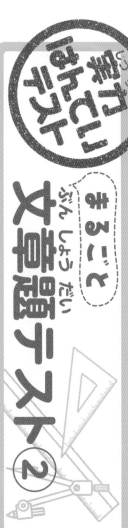

はじめに（　　）こ
のこり（　　）こ　□こ食べた

（　　）に数を
書いて
考えよう。

答え（　　　　　）

2 公園におとなが 26 人、子どもが 67 人い
ます。…（以下切れ）

式

答え（　　　　　）

4 ゆうとさんは、色紙を 47 まいもっていま
す。お兄さんから 75 まいもらうと、色紙は
ぜんぶで何まいになるでしょうか。

1つ6[12点]

式

答え（　　　　　）

5 96 ページある本を、今日までに 47 ページ
読みました。のこりは何ページでしょうか。

1つ6[12点]

式

答え（　　　　　）

教科書ワーク
答えとてびき

「答えとてびき」は、とりはずすことができます。

教育出版版
算数 **2** 年

使い方

まちがえた問題は、もういちどよく読んで、なぜまちがえたのかを考えましょう。正しい答えを知るだけでなく、なぜそうなるかを考えることが大切です。

---

① 表と グラフ

2ページ きほんのワーク

きほん1

野さいの 数しらべ

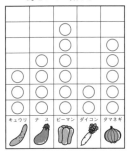

| キュウリ | ナ ス | ピーマン | ダイコン | タマネギ |

1 ❶
野さいの 数しらべ

しゅるい	キュウリ	ナ ス	ピーマン	ダイコン	タマネギ
数（こ）	3	4	6	2	5

❷ ピーマン　❸ ダイコン　❹ タマネギ、１

てびき 表とグラフでは、数をきちんと知りたい場合は表で、一目で多少（大小）を判断したい場合はグラフで確認します。

3ページ まとめのテスト

1 ❶ すきな あそび しらべ

| ボールけり | ボールなげ | ブランコ | かくれんぼ | なわとび | てつぼう |

---

❷ すきな あそび しらべ

しゅるい	ボールけり	ボールなげ	ブランコ	かくれんぼ	なわとび	てつぼう
人数（人）	4	5	2	6	3	4

2 ❶ かくれんぼ　❷ なわとび
❸ ボールなげ（が）2（人　多い。）
❹ グラフ、表

てびき ○をかいていくとき、下から順にかいているか見てください。バラバラにかくと、数の違いをきちんと比較できません。

② たし算

4・5ページ きほんのワーク

きほん1
一の位…②＋④＝⑥
十の位…③＋②＝⑤
10が 5こで ⑤0を あらわすから、答えは、⑤0と ⑥を あわせて 56。

```
  3 2        3 2        3 2
+ 2 4   ➡  + 2 4   ➡  + 2 4
             [6]       [5]6
```
① 位を たてにそろえて 書く。
② 一の位の 計算をする。
2＋4＝⑥
③ 十の位の 計算をする。
3＋2＝⑤

32＋24＝⑤6

1 ❶ 23 ＋ 14 ＝⑤7　❷ 35 ＋ 41 ＝⑦6
⑳ 3　10④　　　　㉚ 5　40①

2 ❶
```
  3 6
+ 2 3
  5 9
```
❷
```
  4 2
+ 1 3
  5 5
```
❸
```
  3 3
+ 4 4
  7 7
```
❹
```
  2 1
+ 5 5
  7 6
```

⑤ 28 + 40 = 68　⑥ 30 + 26 = 56　⑦ 50 + 37 = 87　⑧ 10 + 60 = 70

❸ 式 25＋34＝59　　　筆算 25＋34＝59
　　　　　　　答え 59 こ

❹ 式 31＋40＝71　　　筆算 31＋40＝71
　　　　　　　答え 71 本

てびき 初めて筆算を習うと、同じ位を縦にそろえることを間違えるケースが多く見られます。位を確認しながら筆算を書くことを身につけましょう。

6・7ページ きほんのワーク

きほん①
　37 ＋ 25
① 位を たてに そろえて 書く。
② 一の位の 計算を する。　7＋5＝12
③ 十の位の 計算を する。　1＋3＋2＝6
37＋25＝62

❶ ① 36＋18＝54　② 16＋19＝35　③ 24＋59＝83　④ 15＋49＝64
　⑤ 47＋38＝85　⑥ 29＋58＝87　⑦ 48＋46＝94　⑧ 27＋45＝72

きほん②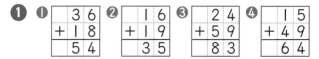
　36 ＋ 8
① 位を たてに そろえて 書く。
② 一の位の 計算を する。　6＋8＝14
③ 十の位の 計算を する。　1＋3＝4
36＋8＝44

❷ ① 26＋34＝60　② 51＋19＝70　③ 73＋17＝90　④ 38＋22＝60
　⑤ 3＋58＝61　⑥ 27＋9＝36　⑦ 43＋7＝50　⑧ 5＋35＝40

❸ 式 28＋12＝40　　　筆算 28＋12＝40
　　　　　　　答え 40 まい

てびき くり上げた1を小さく書いておくと間違いが防げます。算数のメモは思考の過程を示す、とても大切なものであり、消さずに残しておくのが原則です。テストの場合でも筆算やメモ書きは残しておきましょう。

　また、一の位の計算が10になったとき、答えの一の位に「0」を書くのを忘れないように注意しましょう。

　たされる数とたす数の桁数が異なるときは、特に注意が必要です。

　（1けた）＋（2けた）、（2けた）＋（1けた）の筆算では、位を正しくそろえて書けているか見てください。

　例えば、❷の問題では、右のような誤りが見られます。普段から位をきちんとそろえて書く習慣を身につけましょう。

⑤　3 ＋ 58 ＝ 88

8ページ きほんのワーク

きほん①
たされる数 …… 65　／　27
たす数 …… ＋27　／　＋65
答え …… 92　／　92
同じ

❶ ① 38＋5＝43　入れかえて 計算しよう。　5＋38＝43
　② 8＋57＝65　入れかえて 計算しよう。　57＋8＝65

❷
37＋21 — 21＋37
8＋42 — 42＋8
59＋16 — 16＋59
26＋34 — 34＋26
73＋12 — 12＋73

9ページ れんしゅうのワーク①

❶ ① 45＋21＝66　② 30＋57＝87　③ 40＋30＝70　④ 27＋46＝73
　⑤ 58＋39＝97　⑥ 17＋53＝70　⑦ 7＋64＝71　⑧ 82＋8＝90
　⑨ 67＋12＝79　⑩ 34＋47＝81　⑪ 72＋9＝81　⑫ 26＋54＝80

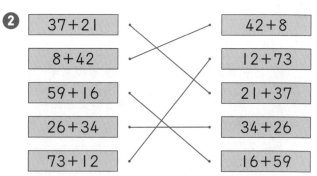

❷ 式 20+68=88　　　　　　　筆算
$$\begin{array}{r} 20 \\ +68 \\ \hline 88 \end{array}$$
答え 88 台

❸ 式 19+34=53　　　　　　　筆算
$$\begin{array}{r} 19 \\ +34 \\ \hline 53 \end{array}$$
答え 53 びき

てびき **❶⓵** 右のような間違い
に注意しましょう。
（たす数の 9 の位置が違う。）
$$\begin{array}{r} 72 \\ +9 \\ \hline \end{array}$$
　また、くり上がりがある計算では、計算間違いをしないように、くり上がりの数の 1 を十の位の数字の上に小さくメモ書きするようにしましょう。

たしかめよう！
筆算は 位を たてに そろえて 書き、位ごとに計算を します。

10 ページ れんしゅうのワーク❷
❶ ⓵ 44　❷ ○　❸ 89　❹ 90
❷ ⓵ 式 16+32=48　　　　答え 48 円
　　❷ 式 28+24=52　　　　答え 52 円
　　❸ 式 28+32=60　　　　答え 60 円

てびき **❶⓵** 十の位へのくり上がりの 1 を忘れています。
❸ 十の位へのくり上がりはありません。
❹ 十の位へのくり上がりの 1 を忘れています。
　もし、時間があれば、たし算のきまりを使って、たされる数とたす数を入れ替えて計算し、確かめもしてください。
　低学年のうちから、くり返し確かめをする癖をつけておくと将来の計算ミスが減ります。

11 ページ まとめのテスト
１ ⓵ $\begin{array}{r}36\\+21\\\hline57\end{array}$　❷ $\begin{array}{r}47\\+52\\\hline99\end{array}$　❸ $\begin{array}{r}58\\+20\\\hline78\end{array}$　❹ $\begin{array}{r}13\\+49\\\hline62\end{array}$

❺ $\begin{array}{r}69\\+18\\\hline87\end{array}$　❻ $\begin{array}{r}45\\+25\\\hline70\end{array}$　❼ $\begin{array}{r}9\\+38\\\hline47\end{array}$　❽ $\begin{array}{r}74\\+6\\\hline80\end{array}$

❾ $\begin{array}{r}80\\+10\\\hline90\end{array}$　❿ $\begin{array}{r}7\\+23\\\hline30\end{array}$　⓫ $\begin{array}{r}30\\+16\\\hline46\end{array}$　⓬ $\begin{array}{r}77\\+19\\\hline96\end{array}$

❷ 式 47+35=82　　　　　　筆算
$$\begin{array}{r}47\\+35\\\hline82\end{array}$$
答え 82 円

❸ ⓵ $\begin{array}{r}48\\+37\\\hline85\end{array}$　❷ $\begin{array}{r}59\\+4\\\hline63\end{array}$

てびき **❸⓵** 一の位から十の位へくり上げた 1 を忘れないように計算しましょう。
❷ 筆算の位を縦に正しくそろえて書くように指導しましょう。

❸ ひき算

12・13 ページ きほんのワーク
きほん1 一の位…7 − 4 = 3
　　　十の位…3 − 2 = 1
　　10 が 1 こで 10 と いう いみだから、答えは、10 と 3 を あわせて 13。
$$\begin{array}{r}37\\-24\\\hline\end{array} \Rightarrow \begin{array}{r}37\\-24\\\hline 3\end{array} \Rightarrow \begin{array}{r}37\\-24\\\hline 13\end{array}$$
① 位を たてに そろえて 書く。　② 一の位の 計算　③ 十の位の 計算
　　7 − 4 = 3　　3 − 2 = 1
37 − 24 = 13

❶ ⓵ 67 − 25 = 42
60⑺ ⑳5
❷ 58 − 12 = 46
⑸⓪8 10⑵

❷ ⓵ $\begin{array}{r}45\\-13\\\hline32\end{array}$　❷ $\begin{array}{r}86\\-22\\\hline64\end{array}$　❸ $\begin{array}{r}96\\-35\\\hline61\end{array}$　❹ $\begin{array}{r}78\\-45\\\hline33\end{array}$

❺ $\begin{array}{r}53\\-20\\\hline33\end{array}$　❻ $\begin{array}{r}65\\-50\\\hline15\end{array}$　❼ $\begin{array}{r}86\\-16\\\hline70\end{array}$　❽ $\begin{array}{r}33\\-23\\\hline10\end{array}$

❸ 式 28−13=15　　　　　筆算
$$\begin{array}{r}28\\-13\\\hline15\end{array}$$
答え 15 まい

❹ 式 45−25=20　　　　　筆算
$$\begin{array}{r}45\\-25\\\hline20\end{array}$$
答え 20 本

てびき たし算のところで示した筆算の間違いのパターンは、ひき算でもほぼ同様ですが、これ以外にもひき算特有のミスがあります。それは、位ごとの計算で、大きい数字から小さい数字をひくために下から上の数字をひいてしまうというパターンです。

ここではまだ、くり下がりがないので、そのミスはありませんが、次のテーマ以降では、よく注意して答え合わせをしましょう。

14・15 ページ **きほんのワーク**

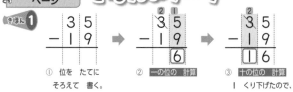

① 位を たてに　　② 一の位の 計算　　③ 十の位の 計算
　そろえて 書く。　　　　　　　　　　　　１ くり下げたので、

$$15-9=6 \quad 2-1=1$$
$$35-19=16$$

❶ ❶
```
  6 3
- 3 5
  2 8
```
❷
```
  7 4
- 1 9
  5 5
```
❸
```
  9 5
- 5 7
  3 8
```
❹
```
  6 2
- 2 8
  3 4
```
❺
```
  8 5
- 5 9
  2 6
```
❻
```
  7 3
- 4 6
  2 7
```
❼
```
  3 1
- 1 3
  1 8
```
❽
```
  8 6
- 4 7
  3 9
```

きほん2

❶
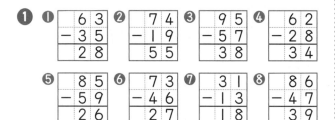
① 一の位の 計算　② 十の位の 計算 ｜ ① 一の位の 計算　② 十の位は １
　　　　　　　　　　　　　　　　　　　　　　　　　　　くり下げたので

$$13-9=4 \quad 5-5=0 \quad | \quad 10-7=3 \quad 3$$
$$63-59=4 \quad\quad\quad 40-7=33$$

❷ ❶
```
  7 0
- 3 8
  3 2
```
❷
```
  4 4
- 3 5
    9
```
❸
```
  8 0
- 7 6
    4
```
❹
```
  5 0
- 4 3
    7
```

❸ ❶
```
  6 1
-   7
  5 4
```
❷
```
  9 7
-   8
  8 9
```
❸
```
  7 0
-   5
  6 5
```
❹
```
  3 0
-   6
  2 4
```

❹ 式 60−52＝8

筆算
```
  6 0
- 5 2
    8
```
答え8円

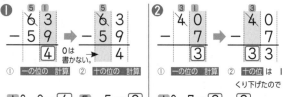
てびき　十の位から１くり下げるので、ひかれる数の十の位を斜線で消して１小さくした数字を元の数字の上に小さくメモ書きするようにしましょう。そのとき、十の位からくり下げた１を、ひかれる数の一の位の上に小さくメモ書きするとよいでしょう。
　一般的に、お子さんはくり下がりの方がくり上がりよりも難しく感じるようです。
❷答えの十の位の数が０になる場合は、十の位には何も書かないことに注意しましょう。

---

❸（２けた）−（１けた）の筆算では、１けたの数を書く位置に注意します。たし算の場合と同様に、70−5＝20のような、１けたの数を十の位に書いて計算してしまう間違いが見られます。位をきちんとそろえて書く習慣を身につけましょう。
　また、十の位から１くり下げたので、ひかれる数の十の位が１減った数字になり、最後にその数字をおろして答えの十の位に書きますが、これを忘れる場合もよく見受けられます。

16 ページ **きほんのワーク**

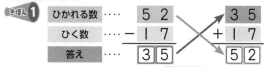

ひき算の 答えに ひく数 をたすと、ひかれる数 に なります。

❶ ❶
```
  6 0    3 3
- 2 7  + 2 7
  3 3    6 0
```
❷
```
  4 1    3 5
-   6  +   6
  3 5    4 1
```
❸ 筆算
```
  7 2
- 4 5
  2 7
```
たしかめ
```
  2 7
+ 4 5
  7 2
```
❹ 筆算
```
  6 5
-   8
  5 7
```
たしかめ
```
  5 7
+   8
  6 5
```

てびき　❶❹ たしかめの計算をたし算のたしかめと混同し、8−65と書いたり、65＋8と計算したりする場合が見受けられます。ひき算の答えにひく数をたすとひかれる数になることを確認して、ひき算のたしかめの計算に慣れましょう。

17 ページ **れんしゅうのワーク❶**

❶ ❶
```
  3 7
- 1 4
  2 3
```
❷
```
  5 9
- 2 0
  3 9
```
❸
```
  8 8
- 2 8
  6 0
```
❹
```
  4 2
- 1 7
  2 5
```
❺
```
  6 0
- 1 6
  4 4
```
❻
```
  7 1
- 6 8
    3
```
❼
```
  9 0
-   3
  8 7
```
❽
```
  2 0
- 1 1
    9
```
❾
```
  6 3
- 3 3
  3 0
```
❿
```
  5 6
- 2 9
  2 7
```
⓫
```
  4 4
- 3 7
    7
```
⓬
```
  8 5
-   7
  7 8
```

❷ 式 36−8＝28

筆算
```
  3 6
-   8
  2 8
```
答え28こ

❸ 式 55−28＝27　　［筆算］
$$\begin{array}{r} 5\,5 \\ -\,2\,8 \\ \hline 2\,7 \end{array}$$
答え 27 こ

【てびき】　**❶⑫** 右のような間違い
に注意しましょう。
（ひく数の 7 の位置が違う。）
$$\begin{array}{r} 8\,5 \\ -\quad7 \\ \hline 1\,5 \end{array}$$
　また、くり下がりがある計算では、計算間違
いをしないように、くり下げた後の数字を元の
数字の上に小さくメモ書きするようにしましょ
う。

18ページ　れんしゅうのワーク❷

❶ ❶ 17　❷ 76　❸ 46　❹ ○
❷ ❶ 式 53−46＝7　　答え ナスが 7 円 高い。
　　❷ 式 40−34 ＝ 6　　　　　　　答え 6 円
　　❸ 式 77−13 ＝ 64　　　　　　答え 64 円

【てびき】　**❶❶** 十の位から 1 くり下がります。
❷ ひく数の 4 は一の位の数からひきます。ひか
れる数の一の位は 0 なので、十の位から 1 く
り下げて計算します。
❸ 十の位からのくり下がりはありません。
　もし、時間があれば、ひき算の答えにひく数
をたして、答えの確かめもしてください。

19ページ　まとめのテスト

❶
❶ $\begin{array}{r} 7\,7 \\ -\,6\,6 \\ \hline 1\,1 \end{array}$　
❷ $\begin{array}{r} 5\,9 \\ -\,5\,0 \\ \hline 9 \end{array}$　
❸ $\begin{array}{r} 4\,1 \\ -\,1\,6 \\ \hline 2\,5 \end{array}$　
❹ $\begin{array}{r} 9\,6 \\ -\,5\,7 \\ \hline 3\,9 \end{array}$

❺ $\begin{array}{r} 5\,4 \\ -\,4\,9 \\ \hline 5 \end{array}$　
❻ $\begin{array}{r} 2\,6 \\ -\quad8 \\ \hline 1\,8 \end{array}$　
❼ $\begin{array}{r} 7\,0 \\ -\,6\,1 \\ \hline 9 \end{array}$　
❽ $\begin{array}{r} 8\,3 \\ -\quad5 \\ \hline 7\,8 \end{array}$

❷
62−21　　75−40　　34−7

35＋40　　27＋7　　41＋40　　41＋21

❸ 式 32−26＝6　　［筆算］
$$\begin{array}{r} 3\,2 \\ -\,2\,6 \\ \hline 6 \end{array}$$
答え みかんが 6 こ 多い。

❹
❶ $\begin{array}{r} 8\,0 \\ -\,3\,2 \\ \hline 4\,8 \end{array}$　
❷ $\begin{array}{r} 7\,4 \\ -\quad5 \\ \hline 6\,9 \end{array}$

【てびき】　**❹❶** 十の位から 1 くり下げています。
❷ 筆算の位を縦に正しくそろえて書くように指導
しましょう。

---

④ 長さ

20・21ページ　きほんのワーク

【きほん1】　❶ センチメートル
　⑦の　テープ　……　6 こ分
　⑦の　テープ　……　3 cm です。
❶ ⑦ 8 cm　　⑦ 2 cm

【きほん2】　1 cm＝ 10 mm
　ア 7 mm　イ 7 cm 3 mm
　ウ 10 cm 5 mm
❷ 12 cm 4 mm
❸ ❶ 4 cm＝ 40 mm　❷ 80 mm＝ 8 cm
　　❸ 5 cm 3 mm＝ 53 mm
　　❹ 32 mm＝ 3 cm 2 mm
❹ しょうりゃく

【てびき】　　1 cm＝10 mm の関係は、しっかりお
さえましょう。「水のかさ」では 1 L＝10 dL
や 1 L＝1000 mL、「長いものの長さ」では
1 m＝100 cm と、さまざまな関係が出てきま
す。どれが 10 でどれが 100 なのか…のよう
に混乱することがよくあります。例えば「プー
ルは 25 m」「靴のサイズは 20 cm」などのよう
に、身近なものの長さに意識を向け、日ごろか
ら量感を養っていきましょう。
❹ ものさしで直線をかくときは、教科書 56 ペー
ジの「直線の　かき方」にもあるように、目盛り
のある方でかきたい長さのところに点をうち、
目盛りのない方を使って点と点を結びます。
　また、ものさしで長さをはかるときは、もの
さしとはかるものの左端をぴったり揃えて目盛
りを読み取ります。
　この問題の答え合わせをするときは、おうち
の方がお子さんのかいた直線を、ものさしを
使ってはかって確認してみてください。ものさ
しでの正しいはかり方を、実際にやってみせる
ことで、お子さんの理解が進むでしょう。
※実際には、長さに限りのあるものは直線ではな
く線分と呼びますが、2 年生の算数では直線と
呼んでいます。

【たしかめよう！】
❹ ❶ 8 cm の　直線を　かく　ときは、
ものさしで　8 cm　はなれた　2 つの　点を
うち、直線で　むすびます。

きほんのワーク

きほん**1** ❶ ③cm+③cm=⑥cm
❷ ②cm⑤mm+⑤cm=⑦cm⑤mm
❸ ⑦cm⑤mm−⑥cm=①cm⑤mm
1 ❶ 2cm+4cm5mm=⑥cm⑤mm
❷ 1cm8mm−2mm=①cm⑥mm
2 ❶ 7cm ❷ 2mm ❸ 8cm6mm
❹ 6cm6mm

てびき きほん**1** ものさしを使って、㋐・㋑の線の長さを正しく測りましょう。㋐・㋑の線はどちらも折れ線になっているので、それぞれの直線の長さをものさしで測って値をたします。

1、**2** 数のたし算、ひき算はできるけど、単位が混じると、とたんにできなくなるというケースが多いものです。cmはcmの単位ごとに、mmはmmの単位ごとに計算すればよいと理解できても、いざ問題にあたると、わからなくなってしまう場合があります。その場合は同じ単位に線をひいて確かめてみると、ハードルが下がり、理解が進むようです。

また、数の筆算のしかたと同じような方法で計算することもできます。

例えば、**2** ❸で、8cm2mm+4mmを

8cm	2mm
+	4mm
8cm	6mm

と計算して答えを求めることもできます。

まとめのテスト

1 ア 1cm5mm イ 11cm1mm
2 ❶ ⑦こ分 ❷ ⑨こ分
❸ ⑥cm⑤mm、⑥⑤mm
3 ❶ mm ❷ cm
4 ❶ 6cm ❷ 43mm
5 ❶ 9cm ❷ 5cm ❸ 7cm7mm
❹ 8cm2mm

てびき **5**❹ 筆算の形で計算すると次のように表されます。

8cm	4mm
−	2mm
8cm	2mm

もし、筆算のくり下がりのような計算があった場合は、単位変換を行うことで、同様に計算できます。

---

⑤ 100より 大きい 数

きほんのワーク

きほん**1** ① ③こ、三百二十四 ② 324
1 263本
2 ❶ 百四十七 ❷ 三百八十二 ❸ 七百五十九
3 478
きほん**2**
100円玉が⑥こ、10円玉が⓪こ、1円玉が③こ
百の位…⑥　　十の位…⓪　　一の位…③
4 380こ
5 ❶ 二百一 ❷ 四百八十 ❸ 五百五十
6 ❶ 708 ❷ 530 ❸ ⑥こ、②こ
❹ ⑨こ、⑦こ

てびき きほん**1** 百の位の数字を書く、ある数を漢字で書き、それを数字で書くという、3つの作業をこなす必要があります。低学年のお子さんには意外に大変なものです。根気強く取り組んでください。

6 わかりづらいときは、（おもちゃの）硬貨を用意して考えてみるとよいでしょう。身近なものを算数に取り入れることで、興味がわいたり、理解が進んだりすることがあります。

100が何個と10が何個と1が何個で…という考え方は、大きな数の計算をするときや、さらに大きな数について学習するときにも大切な考え方です。

きほんのワーク

きほん**1** 487 < 493
493は 487より 大きい。
1 ❶ 254 < 425 ❷ 561 > 516
❸ 602 < 620 ❹ 804 < 808
❺ 324 > 234
❻ 102 > 98
2 ❶ 80 < 70+20 ❷ 90−50 > 30

きほん**2** ❶ 10
❷

0	100	200	300	400	500	600	700	800	900

50　260　520

❸

0	100	200	300	400	500	600	700	800	900

㋐　㋑

（㋐ 650 ㋑ 800）

3 ❶

698	699	700	701	702	703	704	705	706	707	708

700　703　707

❷ 880 885 [890] 895 [900][905] 910 [915]

❹ ❶ 100を [5] こと、10を [3] こと、1を [6] こ
　❷ 百の位の 数字が [5]で、十の位の 数字が [3]で、一の位の 数字が [6]の 数
　❸ [535]
　❹ [546]
　❺ [436]

てびき
❶❷ 不等号の意味を理解できていないことが多いです。口が開いている方が大きいと絵に表すと理解が進みます。
　　　小＜大　　大＞小
❸ 1目盛りの大きさがいくつを表しているかを考えます。❶は、1目盛りが1を表しています。❷は、880の次が885になっているので、1目盛りが5だとわかります。
❹ ❸は、一の位に注目、❹は、十の位に注目、❺は、百の位に注目します。

28·29 ページ きほんのワーク

きほん1

❶ 10が 13こ <10が [10] こ→100 / 10が 3こ→ 30> [130]
❷ [1000]と 書きます。999より [1] 大きい 数です。
❶ ❶[340] ❷[700] ❸[54]こ ❹[80]こ
　❺[100]

きほん2 ❶ [130] ❷ [90]
❷ ❶[110] ❷[140] ❸[80] ❹[60]
❸ ❶[500] ❷[100] ❸[900] ❹[300]
❹ ❶[460] ❷[830] ❸[1000] ❹[800]
　❺[610] ❻[500]

てびき
10のまとまりが何個あるかと考えることは、式でいうと一の位の0を全部取って計算して最後にそれを元に戻す考えと同じです。
ですから、例えば、❷❶、❸では、
❶ 40+70 → 4+7=11 → 110
❸ 110-30 → 11-3=8 → 80
例えば、❹❶、❻では、
❶ 410+50 → 41+5=46 → 460
❻ 590-90 → 59-9=50 → 500
というように計算することもできます。

30 ページ れんしゅうのワーク

❶ 3組→1組→2組
❷ ❶ 530円 ❷ 78こ
❸ ❶ 800まい ❷ 200まい
❹ ❶ 式 200+80=[280]　　　　答え280円
　❷ 式 680-80=[600]　　　　答え600円

てびき
❶ 百の位の数は全て同じです。十の位の数は5と4ですが、十の位が同じ253と257は一の位を比べて、257>253となります。

31 ページ まとめのテスト

1 ❶ 数字…358、百の位の 数字…3
　❷ 数字…705、百の位の 数字…7
2 ❶ 275 < 357　❷ 487 > 478
　❸ 99 < 160
3 ❶ 1000 ❷ 850 ❸ 517
4 ❶
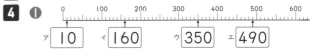
ア [10] イ [160] ウ [350] エ [490]
　❷
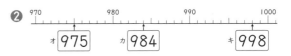
オ [975] カ [984] キ [998]

てびき
4 数直線(数の線)の問題につまずく場合が多く見られます。数直線には、1目盛りの大きさを変えることで、いろいろな数の大きさを見やすくできるというメリットがありますが、お子さんにとって、1目盛りの大きさが変化すること自体が理解しづらい場合があります。1目盛りの表す大きさがいろいろあるんだというところから理解することが必要です。

● たし算と ひき算の 図

32·33 ページ 学びのワーク

きほん1 ❶
① 赤えんぴつ [13]本
② 赤えんぴつ 13本　青えんぴつ [6]本
③
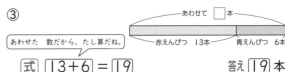
あわせて □本
あわせた 数だから、たし算だね。
赤えんぴつ 13本　青えんぴつ 6本
式 [13+6]=[19]　　　　答え[19]本

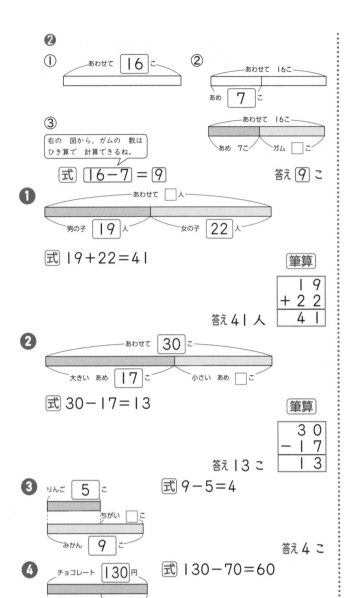

②

① あわせて 16 こ

② あわせて 16こ
あめ 7 こ

③
右の 図から、ガムの 数は
ひき算で 計算できるね。

あわせて 16こ
あめ 7こ ガム □こ

式 16−7＝9   答え 9 こ

❶
あわせて □人
男の子 19 人 女の子 22 人

式 19＋22＝41

答え 41 人

筆算
```
   1 9
 + 2 2
   4 1
```

❷
あわせて 30 こ
大きい あめ 17 こ 小さい あめ □こ

式 30−17＝13

答え 13 こ

筆算
```
   3 0
 − 1 7
   1 3
```

❸
りんご 5 こ
ちがい □こ
みかん 9 こ

式 9−5＝4   答え 4 こ

❹
チョコレート 130 円
ちがい □円
クッキー 70 円

式 130−70＝60   答え 60 円

てびき 図をかいて問題を考えるタイプの学習に
なりますので、図について、丁寧に説明する指
導をしましょう。
　問題文の文章にそって順番に項目を図中にか
き込んでいくことが、初めのうちはなかなかう
まくできません。そこで、紙面にある図と同じ
ものをノートにかく訓練をすると上達が早くな
ります。決して、無駄な作業ではなく、真似し
て上達する典型的な例です。
基本1 ❷は、図から見ると、ガムの数がひき算
で計算できることがわかります。
(参考 このような図をテープ図といいます。)

---

⑥ たし算と ひき算

34・35 ページ きほんのワーク

基本1
```
   7 3        7 3        7 3
 + 5 4  ➡  + 5 4  ➡  + 5 4
              7        1 2 7
```
① 位を たてに　② 一の位の 計算　③ 十の位の 計算
　 そろえて 書く。

3＋4＝7 7＋5＝12
73＋54＝127

❶
①
```
   4 1
 + 7 6
 1 1 7
```
②
```
   2 6
 + 9 3
 1 1 9
```
③
```
   7 3
 + 3 2
 1 0 5
```
④
```
   5 4
 + 7 0
 1 2 4
```

❷
①
```
   3 6
 + 9 2
 1 2 8
```
②
```
   7 3
 + 8 5
 1 5 8
```
③
```
   4 3
 + 6 4
 1 0 7
```
④
```
   3 0
 + 8 9
 1 1 9
```

基本2
```
   8 9        8 9        8 9
 + 6 3  ➡  + 6 3  ➡  + 6 3
              2        1 5 2
```
① 位を たてに　② 一の位の 計算　③ 十の位の 計算
　 そろえて 書く。

9＋3＝12 1＋8＋6＝15
89＋63＝152

❸
①
```
   6 8
 + 7 5
 1 4 3
```
②
```
   4 9
 + 8 4
 1 3 3
```
③
```
   6 2
 + 7 8
 1 4 0
```
④
```
   5 3
 + 7 7
 1 3 0
```

❹
①
```
   4 7
 + 5 8
 1 0 5
```
②
```
   8 3
 + 1 7
 1 0 0
```
③
```
   9 5
 +   9
 1 0 4
```
④
```
     2
 + 9 8
 1 0 0
```

❺
①
```
   3 7 5
 +     9
   3 8 4
```
②
```
   6 2 8
 +   3 6
   6 6 4
```
③
```
   4 1 7
 +   6 3
   4 8 0
```

てびき 基本2 くり上がりが2回あるたし算の
筆算を学習します。くり上げた数字を筆算の上
にメモで書くことが、計算ミスを無くすために
大切です。初めのうちはこれを忘れがちなので、
おうちの方がしっかりチェックしてあげてくだ
さい。
❹ 十の位が0になるたし算の筆算では、0のと
ころに百の位の答えを間違って書いてしまう
ケースが多いです。
❺ 3けたの数と、1けたの数または2けたの数
とのたし算の筆算です。けたの数が増えても、
計算の考え方は同じです。

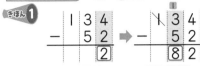

きほん❶
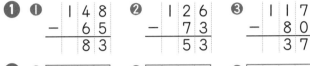

① 一の位の 計算
$4-2=\boxed{2}$

② 十の位の 計算
3から 5は ひけないので、
百の位から ❶ くり下げる。
$\boxed{1}3-5=\boxed{8}$

$134-52=\boxed{82}$

❶ ❶
```
  1 4 8
-   6 5
    8 3
```
❷
```
  1 2 6
-   7 3
    5 3
```
❸
```
  1 1 7
-   8 0
    3 7
```

❷ ❶
```
  1 3 6
-   5 4
    8 2
```
❷
```
  1 2 2
-   9 1
    3 1
```
❸
```
  1 5 5
-   6 5
    9 0
```

きほん❷ ❶
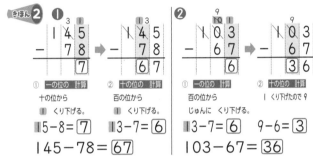

① 一の位の 計算
十の位から
❶ くり下げる。
$\boxed{1}5-8=\boxed{7}$

② 十の位の 計算
百の位から
❶ くり下げる。
$\boxed{1}3-7=\boxed{6}$

$145-78=\boxed{67}$

② ① 一の位の 計算
百の位から
じゅんに くり下げる。
$\boxed{1}3-7=\boxed{6}$

② 十の位の 計算
1くり下げたので 9
$9-6=\boxed{3}$

$103-67=\boxed{36}$

❸ ❶
```
  1 2 4
-   4 5
    7 9
```
❷
```
  1 8 3
-   8 9
    9 4
```
❸
```
  1 6 0
-   9 7
    6 3
```

❹ ❶
```
  1 0 5
-   3 6
    6 9
```
❷
```
  1 0 2
-   7 5
    2 7
```
❸
```
  1 0 1
-   2 8
    7 3
```

❺ ❶
```
  1 3 4
-   5 8
    7 6
```
❷
```
  1 3 0
-   4 6
    8 4
```
❸
```
  1 0 4
-   8 6
    1 8
```

🚩 てびき　くり下げて 1つ減った数字を筆算の上に
メモで書くことが、計算ミスを無くすために大
切です。たし算とひき算で、メモの書き方が異
なるので、慣れないうちは間違いに注意します。
❹ ひかれる数の十の位が 0で、くり下がりがあ
る場合、十の位が 0なので、百の位から 1く
り下げて十の位を 10とみて計算します。初め
のうちは、とまどうお子さんも多いところです。
注意深く見てあげましょう。百の位から 1くり
下げる場合、百の位の 1は ＼で消し、0になる
ので、上には何も書きません。
❶
```
  1 0 5
-   3 6
    6 9
```
❷
```
  1 0 2
-   7 5
    2 7
```
❸
```
  1 0 1
-   2 8
    7 3
```

きほん❶
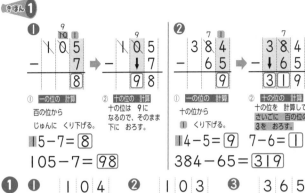

① 一の位の 計算
百の位から
じゅんに くり下げる。
$\boxed{1}5-7=\boxed{8}$

② 十の位の 計算
十の位は 9に
なるので、そのまま
下に おろす。

$105-7=\boxed{98}$

① 一の位の 計算
十の位から
❶ くり下げる。
$\boxed{1}4-5=\boxed{9}$

② 十の位の 計算
十の位を 計算して、
さいごに 百の位の
3を おろす。
$7-6=\boxed{1}$

$384-65=\boxed{319}$

❶ ❶
```
  1 0 4
-   9 7
      7
```
❷
```
  1 0 3
-   9
  9 4
```
❸
```
  3 6 5
-   4 6
  3 1 9
```

❷ ❶
```
  1 0 0
-   9 2
      8
```
❷
```
  5 7 2
-     8
  5 6 4
```
❸
```
  7 8 0
-   3 5
  7 4 5
```

きほん❷　①$34+2=\boxed{36}$　②$26+10=\boxed{36}$
$26+8+2=26+(8+2)$
$\qquad\qquad=26+\boxed{10}=\boxed{36}$

❸ ❶ $37+(9+11)=37+20=57$
❷ $24+(57+43)=24+100=124$
❸ $12+23+8=(12+8)+23$
$\qquad\qquad=20+23=43$
❹ $46+17+24=(46+24)+17$
$\qquad\qquad=70+17=87$

❹ 式 $34+18+22=74$　　答え 74 ページ

🚩 てびき　きほん❶　くり下がりが複雑なのでよく見て
あげてください。❶③と❷②、③は、最後に
百の位の数字をおろして書くのを忘れるケース
が多々見受けられますので注意しましょう。
❸③の他の計算例（❹も同様）
$12+23+8=23+(12+8)$
$\qquad\qquad=23+20=43$
❹ 前から順にたしてもよいですが、
$34+18+22=34+(18+22)$
$\qquad\qquad=34+40=74$
とすると、計算しやすくなります。

❶ ❶
```
  5 6
+ 7 3
1 2 9
```
❷
```
  9 8
+ 2 4
1 2 2
```
❸
```
  6 5
+ 3 9
1 0 4
```

❹
```
  3 2 6
+   4 5
  3 7 1
```
❺
```
  1 3 5
-   4 7
    8 8
```
❻
```
  1 0 2
-   6 8
    3 4
```

❼
```
   1 0 6
 −    9
    9 7
```

❽
```
   8 9 3
 −   1 7
   8 7 6
```

❷ ①
```
   8 4
 +2 [8]
 1 1 2
```

②
```
   4 7
 +[7] 8
 1 2 5
```

③
```
 1 [4] 8
 −   6 3
     8 5
```

④
```
 1 7 1
 −  [7] 6
     9 5
```

❸ 式 85+42=127　　　　　筆算
```
   8 5
 +4 2
 1 2 7
```
答え 127 円

❹ 式 123−98=25　　　　　筆算
```
   1 2 3
 −   9 8
      2 5
```
答え 25 こ

てびき　3けたの数の計算も、2けたの数の計算と同じようにできます。
　間違えた問題は必ずやり直しておくように習慣づけましょう。くり上がりやくり下がりの間違いは、メモを小さく書くことで防げます。

---

41 ページ　まとめのテスト

❶ ①
```
   7 8
 +6 1
 1 3 9
```

②
```
   6 2
 +5 8
 1 2 0
```

③
```
     5
 +9 7
 1 0 2
```

④
```
   3 1 8
 +   7 4
   3 9 2
```

⑤
```
   1 2 9
 −   5 6
      7 3
```

⑥
```
   1 4 0
 −   4 2
      9 8
```

⑦
```
   1 0 7
 −   9 9
        8
```

❷ 式 68+25+5=98　　　　答え 98 まい
❸ 式 100−88=12　　　　答え 12 円
❹ ① [正しい]　答え 113
② [正しい]　答え 68

てびき　**❹①** 十の位は一の位からのくり上がりがあることを忘れないようにしましょう。
② 百の位は1くり下げたので0になっています。また、十の位は1くり下げたので9になって、これから3をひくので、6になります。したがって、正しい筆算は右のようになります。
```
   9 ⁹1
 1 0⁄ 7
 − 3 9
   6 8
```

---

⑦ 時こくと　時間

42・43 ページ　きほんのワーク

きほん❶ ① [3] 時　**②** [3] 時 [10] 分　**③** [10] 分間

---

④ [60] 分間　・ [1時間]　・1時間= [60] 分間
⑤ [4時 10 分]

❶ ① 10 分間　**②** 30 分間　**③** 30 分間
④ 20 分間　**⑤** 22 分間　**⑥** 18 分間

❷ ① 60 分= [1] 時間　**②** 1時間 30 分= [90] 分
③ 1時間 45 分= [105] 分
④ 75 分= [1] 時間 [15] 分

てびき　普段の生活の中で、時計を意識するようにしましょう。例えば、出かけるときに、「今何時かな?」と問いかけてみたり、帰ってきたときに時刻を聞いて、出かけた時刻と比べて、かかった時間を計算するような練習をするとよいでしょう。
　慣れないうちは、時刻と時間の違いがなかなか理解できないお子さんも多いので、くり返し経験するようにしましょう。

44・45 ページ　きほんのワーク

きほん❶ ① [午前 6 時 30 分]
② [午後 4 時 20 分]
③ [12] 時間、[12] 時間、[24] 時間

❶ ① 午前 7 時　**②** 午後 8 時 50 分

きほん❷ ① [午前 10 時]　**②** [午後 3 時]　**③** [2] 時間
④ [3] 時間　　**⑤** [5] 時間

❷ 3 時間
❸ 7 時間 30 分

てびき　**きほん❶** 初めのうちは、「午前」と「午後」の区別のしかたを、朝起きてからお昼までが「午前」、お昼から夜寝るまでが「午後」というようなわかりやすい表現で理解するとよいです。
きほん❷ ここで取り上げている問題は教科書の対応しているページにはありませんが、教科書の巻末のステップアップ算数 141 ページ(ジャンプもんだい 2)で取り上げられています。
　今後、このタイプの問題はよく出されるので、ここで取り上げておきました。
　初めのうちは、午前から午後にまたがる時間の計算がうまくできないものです。
　例えば、(午前から正午までの時間)+(正午から午後までの時間)のように、正午で分けて計算すると理解できるケースが多いです。
　また、線分図(テープ図)などを使って図形的な長さで時間をとらえることも理解を助けます。

❸ 学校についてから正午(お昼)までの時間は 4 時間で、正午(お昼)から学校を出るまでの時間は 3 時間 30 分なので、求める時間は合わせて 7 時間 30 分になります。

46 ページ れんしゅうのワーク

❶ ❶ 午前 10 時
❷ 午前 11 時 40 分
❸ 午後 1 時 50 分　❹ 45 分間　❺ 30 分間
❻ 6 時間

てびき　時計の要素と文章題の要素の混じった問題です。文章を注意深く読み、かつ時間を読み取る問題は、2 年生としてはレベルの高い問題です。「一見難しそうな問題も、注意深く読めばできる。」という達成感を味わうのがねらいです。

47 ページ まとめのテスト

1 ❶ 5 時、5 時 30 分、7 時
❷ 9 時 15 分、9 時 45 分、11 時 15 分
2 ❶ 1 時間 20 分＝ 80 分
❷ 100 分＝ 1 時間 40 分
3 ❶ 午前 7 時 50 分　❷ 午後 9 時 20 分
4 6 時間

てびき　余力のあるお子さんには、24 時間表記の方法もあることを、バスや電車の時刻表などを使って、教えてあげるのもよいでしょう。

⑧ 水のかさ

48・49 ページ きほんのワーク

きほん❶　・1 リットルは 1L と書きます。
ポットに入る水のかさは 4 L です。
❶ ❶ 1L の 3 こ分で 3 L
❷ 5 L　❸ 2 L

きほん❷　・1 デシリットルといい、1dL と書きます。
1L は 10 dL です。
やかんに入っていた水のかさは 7 dL です。
❷ ❶ 3 dL　❷ 8 dL
❸ ❶ 1 L 4 dL　❷ 2 L 6 dL
❹ ❶ 5L＝ 50 dL　❷ 67dL＝ 6 L 7 dL
❺ ❶ 3L < 31dL　❷ 4L2dL > 24dL

てびき　「さんすうはかせ」コーナーでもふれていますが、メートル法の単位表現の意味がわかると理解が進みます。下の表にあるように、10 分の 1 がデシ(d)、100 分の 1 がセンチ(c)、1000 分の 1 がミリ(m)、逆に 1000 倍はキロ(k)といったことを、お子さんの興味にあわせて話してあげるのもよいでしょう。

大きさを表すことば	ミリ m	センチ c	デシ d		デカ da	ヘクト h	キロ k
意味	$\frac{1}{1000}$倍	$\frac{1}{100}$倍	$\frac{1}{10}$倍	1	10 倍	100 倍	1000 倍
かさの単位	mL	(cL)	dL	L	(daL)	(hL)	kL

50・51 ページ きほんのワーク

きほん❶
・ミリリットル があります。 1mL と書きます。
・1 L は 1000 mL です。
・1 dL は 100 mL です。
❶ ❶ 700 mL　❷ 200 mL
❷ ❶ 600mL＝ 6 dL　❷ 3dL＝ 300 mL
❸ ❶ 1L > 900mL　❷ 6dL > 500mL

きほん❷　❶ 1 L 5 dL＋ 3 dL＝ 1 L 8 dL
❷ 1 L 5 dL－ 3 dL＝ 1 L 2 dL
❹ ❶ 12L　❷ 6L　❸ 900mL
❹ 300mL　❺ 11L4dL　❻ 10L1dL
❺ ❶ 3dL＋8dL＝11dL で、
11dL＝ 1 L 1 dL です。これより、
1L3dL＋8dL＝ 2 L 1 dL となります。
❷ 1L3dL＝13dL で、
13dL－8dL＝ 5 dL です。これより、
1L3dL－8dL＝ 5 dL となります。

てびき　**❶❶** 1L を同じかさに 10 こに分けた 7 こ分のかさになります。
❷❶❷ 1dL＝100mL をあてはめます。
❸❶ 1L＝1000mL なので、1000mL＞900mL
❷ 6dL＝600mL なので、600mL＞500mL
❹❺ 数の筆算のしかたと同じような方法で計算することもできます。
例えば、**❹❺**で、6L4dL＋5L を

$$
\begin{array}{c|c}
 & 6L & 4dL \\
+ & 5L & \\
\hline
 & 11L & 4dL
\end{array}
$$

と計算して答えを求めることもできます。
また、例えば、**❺❷**で、1L3dL－8dL を

$$
\begin{array}{r|r}
\text{1L} & \text{3dL} \\
- & \text{8dL} \\
\hline
\text{0L} & \text{5dL}
\end{array}
$$

と計算して答えを求めることもできます。

　0L は答えとしては省略されますので、注意しましょう。

52ページ れんしゅうのワーク

❶ ❶ 5dL　❷ 1L5dL
　❸ 2L5dL　❹ 2L
　❺ 1L　❻ 5dL

てびき　「長さ」でcmとmmを学習し、ここでL、dL、mLを学習したので、混乱しないようにそれぞれの関係を整理しておきましょう。

　牛乳パック、缶ジュース、目薬の容器などに書かれている内容量を確認してみたり、どのくらい入っているかを予想してみたりすることで、日ごろから量感を養っていきましょう。

たしかめよう！

1L＝10dL
1L＝1000mL、1dL＝100mL

53ページ まとめのテスト

1 ❶ 3L6dL　❷ 4dL
2 ❶ 4dL ▷ 3dL　❷ 1L ▭ 10dL
　❸ 8dL ▷ 600mL　❹ 700mL ◁ 9dL
3 ❶ 1000⬚mL　❷ 2⬚L　❸ 3⬚dL　❹ 10⬚mL
4 ❶ 4L7dL　❷ 6L9dL
　❸ 5L2dL　❹ 3L7dL

てびき　2 ❸❹ 1dL＝100mL であることを使って考えます。
　❸ 8dL と 6dL では 8dL のほうが多いから（または、800mL と 600mL では 800mL のほうが多いから）8dL＞600mL となります。

⑨ 三角形と四角形

54・55ページ きほんのワーク

きほん1　・3本、三角形　・4本、四角形
　　㋐…三角形　㋑…四角形
❶ 三角形…㋐、㋗、㋘

四角形…㋑、㋕、㋚

きほん2　・三角形や四角形のまわりの直線を 辺 といい、かどの点を ちょう点 といいます。
　・ 直角 といいます。

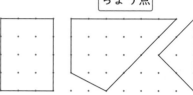

❷ [れい]

❸ ㋑、㋔

てびき　きほん1　多角形は、何本の直線によって囲まれているかによって呼び名が変わります。ここでは、三角形、四角形を学習しますが、直線が増えることで、五角形、六角形、…と図形の世界が大きく広がっていくことを実感し、お子さんの興味や関心を引き出しましょう。

❶ の中で、三角形でも四角形でもない理由を示します。
　㋒線がつながっていない所がある。
　㋓曲線になっている所がある。
　㋕曲線になっている所がある。
　㋘線がつながっていない所がある。
　㋙曲線になっている所がある。
　㋚直線が 6 本ある。（六角形である。）

　参考 下の図のような四角形は、凹四角形と呼ばれ、これに対して、普通の四角形を凸四角形と呼びます。

❸ 三角定規の直角の部分をあてて直角かどうかを調べます。（手近なところに定規がなければ、紙などを折って直角をつくることもできます。）

56・57ページ きほんのワーク

きほん1　・4 つのかどがみんな直角… 長方形
　・4 つのかどがみんな直角で、
　　4 つの辺の長さがみんな同じ… 正方形
　㋐… 長方形　　㋑… 正方形
❶ ㋑、㋒

❷ ⑦、⑤

きほん❷ ・直角三角形
　　　直角三角形…⑦（と）⑤

❸ [れい]

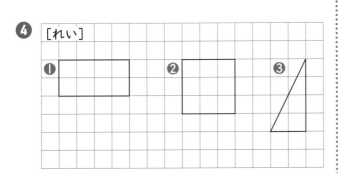

❹ [れい]

（方眼紙）
❶　❷　❸

てびき ❶❷ 三角定規の直角の部分をあてて直
角かどうかを調べます。ただし、方眼紙の2直
線の交わったところはどこも直角ですから、丁
度、その部分に重なっている図形は調べる必要
はありません。斜めになっている図形の辺の長
さはものさしではかりましょう。
❹ 方眼紙に図形をかくときにも、ものさしを使っ
てかくようにしましょう。
　また、どこから手を付ければよいのか迷って
いるお子さんには次のように指導してください。
❶ まず、左の上に鉛筆で1つの点をうち、そ
こから右に4cm（4目盛り分）のところに点を
うって、ものさしを使って点と点を結びます。
　次に、うった2点からそれぞれ下に2cm（2
目盛り分）のところに点をうち、ものさしを使っ
て2点とはじめにうった2点をそれぞれ結び
ます。
　最後に、残りの4cmの辺を線で結びます。

58ページ れんしゅうのワーク

❶ ❶

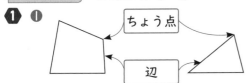

ちょう点
辺

❷ ③つ、③つ
❸ ④つ、④つ

---

❷ ❶

（長方形　4cm　6cm　❸[れい]）　❷ 20cm

❸ ❶

（正方形　4cm　❹[れい]　❸[れい]）　❷ 16cm

てびき ❷❶ 長方形には直角のかどが4つあり
ます。
❷ 4cmの辺と、6cmの辺が2つずつあるので、
4+4+6+6=20（cm）
❸ 例の他にもう1通りのかき方があります。（も
う一方の対角線をひいて分ける。）
❸❶ 正方形には直角のかどが4つあります。
❷ 4cmの辺が4つあるので、
4+4+4+4=16（cm）
❸ 例の他にもう1通りのかき方があります。（中
央に横線をひいて分ける。）
❹ 例の他にたくさんのかき方があります。（例え
ば、解答の図を180°回転させた図など。）

59ページ まとめのテスト

❶ ❶ 長方形　❷ 直角三角形　❸ 正方形
❷ 正方形…⑦（と）⑦
　　直角三角形…⑦（と）⑦
❸ ⑦ 7cm　⑦ 3cm　⑦ 5cm　⑤ 5cm

✋ たしかめよう！

四角形
★4つのかどがみんな直角　　→　長方形
★4つのかどがみんな直角で、
　4つの辺の長さがみんな同じ→　正方形
三角形
★直角のかどがある　　　　　→　直角三角形

⑩ かけ算

60・61ページ きほんのワーク

きほん❶ ・⑤こずつ④さら分　・式⑤×④=⑳
　　　　・5+5+5+⑤
❶ ❶ 式③×⑥　❷ 式④×③

❷ 式 ②×⑥=⑫ ←
　　2+2+2+2+2+2=⑫　　　　　答え 12こ

きほん2 **❶** ⑤×④=⑳　　**❷** ②×⑦=⑭
❸ ❶ 35　　　　❷ 2　　　　　❸ 25
　　❹ 6　　　　　❺ 5　　　　　❻ 4
　　❼ 30　　　　❽ 10　　　　❾ 40
❹ 式 5×5=25　　　　　　　　答え 25こ
❺ ❶ 式 2×6=12　　　　　　　答え 12こ
　　❷ 2(こふえる。ぜんぶで)14(こ)

てびき　5の段の九九の特徴は答えの一の位の数字が、5、0、5、0、…と続くことです。最初に覚える九九に5の段が使われるのも、このことが大きくかかわっています。
　2の段の九九の特徴は答えの一の位の数字が、2、4、6、8、0、…と続くことです。他の段の九九にも、てびきに書いたもの以外にもさまざまな特徴があります。九九の表を見ながら、気づいたことを自由に言ってみるとよいでしょう。表をよく観察することで、いろいろな発見があるはずです。

62・63ページ きほんのワーク

きほん1 ③×⑤=⑮
　　　3を かけられる数 、5を かける数
❶ ❶ 24　　　　❷ 3　　　　　❸ 18
　　❹ 6　　　　　❺ 12　　　　❻ 27
　　❼ 21　　　　❽ 9　　　　　❾ 15
❷ 式 3×6=18　　　　　　　　答え 18本
❸ 式 3×7=21　　　　　　　　答え 21こ

きほん2 ④×③=⑫、④ふえます。
❹ ❶ 28　　　　❷ 20　　　　❸ 32
　　❹ 24　　　　❺ 8　　　　　❻ 36
　　❼ 16　　　　❽ 12　　　　❾ 4
❺ 式 4×8=32　　　　　　　　答え 32円
❻ ❶ 式 4×5=20　　　　　　　答え 20こ
　　❷ 4(こふえる。ぜんぶで)24(こ)

てびき きほん1 3の段の九九の特徴は、例えば、
3×4=12の答えの十の位の数字と一の位の数字をたすと、1+2=3
3×5=15の答えの十の位の数字と一の位の数字をたすと、1+5=6
3×6=18の答えの十の位の数字と一の位の数字をたすと、1+8=9

となり、答えが3、6、9、…と続きます。
てびき2 4の段の九九の特徴は一の位の数が、4、8、2、6、0、…と続くことです。
　このあたりの九九から、お子さんがうろ覚えになってくるので、しっかりと反復練習をしましょう。

64ページ れんしゅうのワーク

❶ ❶ 式 2×5=10　　　　　　　答え 10こ
　　❷ 式 5×2=10　　　　　　　答え 10こ
❷ 式 [れい]・3×4=12 ・4×3=12 答え 12こ
❸ ❶ ④ずつ　　　　❷ 4×④、4×⑥
❹ 式 5×4=20　　　　　　　　答え 20cm

てびき **❸**❶ とまどっていたら、「4×1と4×2の答えを比べてみよう。答えはいくつ増えているかな。」などと声をかけましょう。
❷ 4×4、4×5、4×6の答えを書き、「4×5の答えの20は、4×(いくつ)の答えより4増えているかな。」「4×5の答えの20は、4×(いくつ)の答えより4減っているかな。」と声をかけましょう。
❹ 正方形の周りの長さは、1つの辺の長さが5cmだから、5cm+5cm+5cm+5cmと表せます。また、かけ算で表すと、5×4となります。したがって、5×4=20より、20cmとなります。

65ページ まとめのテスト

❶ ❶ 24　　　　❷ 24　　　　❸ 18
　　❹ 10　　　　❺ 8　　　　　❻ 28
　　❼ 16　　　　❽ 45　　　　❾ 15
❷ ❶ ③ずつ ❷ ⑤ ❸ かけられる数 、⑨
❸ ⑦
❹ ❶ 式 2×7=14　　　　　　　答え 14(本)
　　❷ 式 4×8=32　　　　　　　答え 32(こ)
❺ 式 5×7=35　　　　　　　　答え 35人

てびき **❺** 文章を書き換えてみましょう。
　1個の長いすに5人ずつ、その7個分の人数
　　　　　　　5　　　×　　　7　＝　35
7×5=35とすると、式の意味が変わります。

66・67ページ きほんのワーク

きほん① ⑥ふえる、6×4=24
6×1=⑥、6×2=12、6×3=18
6×4=24、6×5=30、6×6=36
6×7=42、6×8=48、6×9=54

① ❶ 式 6×4=24　　答え24こ　　❷ 6こ

② 3×⑧

きほん② ⑦ふえる、7×4=28
7×1=⑦、7×2=14、7×3=21
7×4=28、7×5=35、7×6=42
7×7=49、7×8=56、7×9=63

③ 式 7×3=21　　　　　　答え21日
④ 式 7×5=35　　　　　　答え35本
⑤ ❶ 式 3×4=12　　　　　答え12本
　 ❷ 式［れい］7×4=28　　答え28本

てびき 6の段は、六四24と六七42が混同しがちです。注意して見てあげてください。
②は、同じ種類のおかしが3個ずつ8種類あると考えます。
⑤❷は、オレンジジュースの数を計算して、❶のりんごジュースの数とたしてもかまいません。解答例では、ジュースひとまとまり7本が4まとまり分と考えて式を立てています。

68・69ページ きほんのワーク

きほん① 8×1=⑧、8×2=16、8×3=24
8×4=32、8×5=40、8×6=48
8×7=56、8×8=64、8×9=72
9×1=⑨、9×2=18、9×3=27
9×4=36、9×5=45、9×6=54
9×7=63、9×8=72、9×9=81

① 式 8×3=24　　　　　　答え24cm
② 式 9×6=54　　　　　　答え54こ
③ 式 9×8=72　　　　　　答え72人

きほん② ❶ 式 2×4=⑧　❷ 式 ①×4=④
1×1=①、1×2=②、1×3=③
1×4=④、1×5=⑤、1×6=⑥
1×7=⑦、1×8=⑧、1×9=⑨

④ ❶ 式 3×5=15　　　　　答え15こ
　 ❷ 式 2×5=10　　　　　答え10こ
　 ❸ 式 1×5=5　　　　　　答え5こ

⑤ 式 1×4=4　　　　　　答え4さつ

てびき ③式を8×9=72とすると、「8が9つ分」を表すので式の意味が変わってしまうことを確かめましょう。
④③エビフライが1皿に1個ずつ、5皿分になるから、式は1×5=5となります。
⑤問題文は、1週間に1冊ずつ、4週間分になるから、式は1×4=4となります。

70・71ページ きほんのワーク

きほん① ［れい］

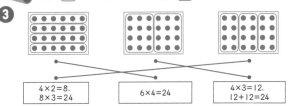

⑦

⑦

① ❶ 式 2×4=8　　　　　答え⑧cm
　 ❷ 式 3×4=12　　　　答え12cm
② ❶ エ　❷ カ

きほん② ① 式 9×5=45　② 式 5×9=45

③
4×2=8、8×3=24
6×4=24
4×3=12、12+12=24

④ ❶ 式 ［れい］6×4=24　　答え24こ
　 ❷ 式 ［れい］3×5=15　　答え15こ

てびき きほん①「4倍の長さに色をぬりましょう。」というと、色を5つ分塗ってしまうお子さんがいます。「4倍」は4つ増えるのではなく、4つ分になることをあらわします。
④❶ ○の数は、右のように考えると、6×4になります。このほかにも、3×8で求めたり、2つの部分に分けたり、いろいろな求め方があります。お子さんの自由な発想を大切にしてください。

72ページ れんしゅうのワーク

① 8×1=⑧、8×2=16、8×3=24、……
のように、答えが⑧ずつふえていきます。
② ❶ 式 ［れい］5×5=25 （3×1=3）
　　 25+3=28　　　　　　答え28こ
　 ❷ 式 ［れい］5×6=30 （2×1=2）
　　 30-2=28　　　　　　答え28こ

③ ❶ 式 6×5=30　40−30=10

答え 10人

　❷ 式 6×7=42　42−40=2　　答え 2人

④ 式 7×4=28

答え 28こ

てびき

❶ かける数が1ずつ増えるので、答えはかけられる数の8ずつ増えます。

❷❶[れい]では、右にある3個を除いて計算し、後で加えると考えています。

❷[れい]では、右の空いている2個を加えて計算し、後で引くと考えています。

❸❶1チーム6人の5チーム分で、6×5=30だから、10人残ります。

❷1チーム6人の7チーム分で、6×7=42だから、2人足りません。

❹7この4倍で、7×4

73ページ まとめのテスト

1 ❶ 42　　❷ 48　　❸ 56

　❹ 4　　❺ 54　　❻ 81

　❼ 21　　❽ 36　　❾ 40

2 ❶ 6　❷ 7　❸ 18 cm、24 cm

3 ❶ 式 6×8=48　答え 48本　❷ 6本

4 式 [れい]3×6=18

答え 18

てびき

1 いろいろな九九が混じっていても、すぐに答えられるようにしましょう。

2 かけ算で、かける数が1増えると、答えはかけられる数だけ増えます。

❶かけられる数は6です。

❷かけられる数は7です。

3❶1人に6本ずつ8人分で、6×8

❷2❶2と同じように考えます。

4 たてに3、よこに6並ぶので、このほかにも式は、6×3などが考えられます。

⑫ 長いものの長さ

74・75ページ きほんのワーク

きほん1 ① ものさしで3こ分、110 cm

　　② 1 m 10 cm

1 ❶ 1mのものさしで1こ分と、あと25 cm だから、1 m 25 cm です。

　❷ 1m=100 cmなので、100 cmと25 cmで

125 cm です。

❷ ❶7 m　❷5 cm

❸ ❶200 cm=2 m　❷5 m=500 cm

　❸4 m 50 cm=450 cm

　❹508 cm=5 m 8 cm

❹ ❶8 m　❷7 m 50 cm

　❸たての長さ…800 cm、よこの長さ…750 cm

てびき

単位の換算がなかなかうまくいかない場合が多いようです。一番の理由は、mmからcmが10倍なのに対して、cmからmが100倍になるからです。

これにより、例えば、1m20cmと1m2cmを同じように扱ってしまうようなケースがよく見受けられます。

76ページ きほんのワーク

きほん1

　① 式 1 m 60 cm−1 m 20 cm=40 cm

答え 40 cm

　② 式 1 m 20 cm+35 cm=1 m 55 cm

答え 1 m 55 cm

1 式 1m60cm+35cm=1m95cm

答え 1 m 95 cm

2 ❶ 3 m 75 cm　❷ 2 m 30 cm

　❸ 7 m 20 cm　❹ 1 m 45 cm

てびき

❶筆算の形で計算すると次のように表されます。

	1 m	60 cm
+		35 cm
	1 m	95 cm

❷❶3m60cm+15cm=3m75cm

❷2m80cm−50cm=2m30cm

❸❹を筆算の形で計算すると次のように表されます。

❸	4 m	20 cm	❹	3 m	70 cm
+	3 m		−	2 m	25 cm
	7 m	20 cm		1 m	45 cm

77ページ まとめのテスト

1 130 cm、1 m 30 cm

2 ❶ 6 m、9 m　❷ 2 m 50 cm、250 cm

　❸ 1 m 6 cm、160 cm

　❹ 3 m 85 cm、305 cm

3 ❶ 5 m 80 cm　❷ 1 m 30 cm

4 ❶ mm ❷ cm ❸ m

 2 ❸次のような式になります。
106cm＝100cm＋6cm＝1m6cm
1m60cm＝100cm＋60cm＝160cm
この2つを混同しないようにしましょう。
❹前半…3m40cm＋45cm＝3m85cm
後半…3m40cm－35cm＝3m5cm
3m5cm＝305cm

3 それぞれ、筆算の形で計算すると次のように
表されます。

❶	3m	50cm
＋	2m	30cm
	5m	80cm

❷	4m	90cm
－	3m	60cm
	1m	30cm

4 長さの単位をたずねる問題です。メートル、
センチメートル、ミリメートルの長さの単位を
理解できているか、確かな量感をもっているか
どうかを確かめます。とまどっていたら、実際
にノートの厚さやえんぴつの長さを測り、ノー
トの厚さが4cm（またはm）、えんぴつの長さ
が16mm（またはm）であることに違和感を持
つことができるようになりましょう。単位換算
にも慣れておきましょう。

⑬ 九九の表

78・79ページ きほんのワーク

きほん**1**

かける数

	1	2	3	4	5	6	7	8	9
1	1	2	3	4	5	6	7	8	9
2	2	4	6	8	10	12	14	16	18
3	3	6	9	12	15	18	21	24	27
4	4	8	12	16	20	24	28	32	36
5	5	10	15	20	25	30	35	40	45
6	6	12	18	24	30	36	42	48	54
7	7	14	21	28	35	42	49	56	63
8	8	16	24	32	40	48	56	64	72
9	9	18	27	36	45	54	63	72	81

（かけられる数は縦、かける数は横）

①かけられる数　②かける数

1 ❶ 4×6の答えより 4 大きいです。
❷ 9× 5 の答えと同じです。

きほん**2**

	かける数								
	1	2	3	4	5	6	7	8	9
1	1	2	3	4	5	6	7	8	9
2	2	4	6	8	10	12	14	16	18
3	3	6	9	12	15	18	21	24	27
4	4	8	12	16	20	24	28	32	36
5	5	10	15	20	25	30	35	40	45
6	6	12	18	24	30	36	42	48	54
7	7	14	21	28	35	42	49	56	63
8	8	16	24	32	40	48	56	64	72
9	9	18	27	36	45	54	63	72	81

（かけられる数は縦方向） ❸ ❶ ❷

2 ❶ 1×6、2×3、3×2、6×1
❷ 3×5、5×3
❸ 2×9、3×6、6×3、9×2
❹ 5×5
❺ 6×7、7×6
3 ❶ 7のだん　❷ 3のだん

てびき　かけ算では、①かける数が1増えると、
答えはかけられる数だけ増えます。②かけられ
る数とかける数を入れかえても、答えは同じに
なります。この2つの決まりは、とても大切です。
しっかりと理解できているかどうかを確かめて
おきましょう。
　九九の表を使って、「7の段の九九の答えは、
3の段の九九の答えと4の段の九九の答えをた
したものになっている」というように、九九を別
の九九の合成ととらえる考え方を用いることで、
九九の表を広げることができます。

80ページ きほんのワーク

きほん**1** ① 3 ふえます。
② 24、27、30、33、36、39
式 3×13＝39　　　　答え 39
1 ❶ 13＋13＋13＝39　❷ 13×3＝39
❸ 3×13＝39

てびき　かける数が1増えると、答えはかけられ
る数だけ増えることを使って、九九の表を広げ
ていきます。13×3が理解できたら、12×4、
14×2など、別の式でも同じように考えてみ
ると、理解が深まります。

まとめのテスト

1 **①**

	かける数

かけられる数		**1**	**2**	**3**	**4**	**5**	**6**	**7**	**8**	**9**
	1	1	2	3	4	5	6	7	8	9
	2	2	4	6	8	10	12	14	16	18
	3	3	6	9	12	15	18	21	㉔	27
	4	4	8	12	16	20	24	28	32	36
	5	5	10	15	20	25	30	35	40	45
	6	6	12	18	24	30	36	42	48	54
	7	7	14	21	28	35	42	49	56	63
	8	8	16	24	32	40	48	56	64	72
	9	9	18	27	36	45	54	63	72	81

② 6 のだん　**③** かける数が 7 の九九（の答え）

④ 8（ふえる）

⑤ 9…1×9、3×3、9×1

24…3×8、4×6、6×4、8×3

⑥ 式 4×12　答え 48

⑦ 式 12×8　答え 96　**⑧** 120

てびき **⑧** 10×12 を 5×12 と 5×12 をたした
ものと考えるなど、いろいろな求め方があります。

---

⑭ はこの形

82・83
ページ

きほんのワーク

きほん1 面　**①** 長方形　**②** 6 つ　**③** 2 つずつ

① **①** 正方形　**②** 6 つ

② ⑦

きほん2
① 7cm… 4 本　10cm… 4 本　12cm… 4 本

② 8 こ　**③** 辺が 12 、ちょう点が 8 つ

③ **①** 4 本　**②** 4 本　**③** 4 本　**④** 8 こ

④ **①** 6 cm、 12 本　**②** 8 こ

てびき **きほん1** 箱の形は、面をうつしとると、6
つの長方形や正方形でできています。この問題の
箱の形では、同じ大きさの長方形が 2 つずつ、3
組あります。

① さいころの形は、面をうつしとると、6 つの正方
形でできており、それらは全て同じ大きさの正方
形です。

きほん2 箱の形は、同じ長さの辺が 4 つずつ、3 組
あります。（正方形の面があるときは変わります。）
辺の数は、合計 12 になります。

また、頂点の数は 8 つになります。

たしかめよう！

おうちにある紙で、もんだいの図と同じ大きさの長
方形を作ってたしかめてみよう。

84
ページ

れんしゅうのワーク

① **①** 3cm を 4 本、4 cm を 4 本、6 cm を 4 本
② 8 こ

② ⑦を 2 つ、④を 2 つ、⑦を 2 つ

③ **①** ㊁
②

85
ページ

まとめのテスト

1

ちょう点

面

辺

2 ⑦

3 **①** 8 こ

② 6 cm… 4 本、7 cm… 4 本、10 cm… 4 本

③ 面が 6 つ、同じ形の面が 2 つずつ、辺が
12 、ちょう点が 8 つ

---

⑮ 1000 より大きい数

86・87
ページ

きほんのワーク

きほん1 二千四百三十五… 2435

千の位… 2 　　百の位… 4

十の位… 3 　　一の位… 5

① 7257

② **①** 千九百六十一　**②** 三千九十四　**③** 七千三

③ **①** 1429　**②** 8000　**③** 6050

きほん2 **①** 3607

② 1000 を 6 こ、10 を 3 こ、1 を 5 こ

④ **①** 7246

② 1000 を 9 こ、100 を 6 こ、10 を 7 こ、
1 を 4 こ

③ 1000 を 3 こ、10 を 6 こ

④ 4589

⑤ 2038

⑤ **①** 7000 > 6990　**②** 4089 < 4098

③ 9308 < 9311　**④** 8267 > 8264

88・89 ページ きほんのワーク

きほん1 100が20こで [2000]　100が4こで
[400]　あわせて [2400]

1 4000は100が [40] こ　200は100が [2] こ
あわせて [42] こ

2 **1** [6700]　**2** 1000を [8] こ、100を [80] こ

きほん2 **1** [10000]　**2** [1000]　**3** [9999]
4 [100]

3 **1** [10000]　**2** [10]　**3** [10]　**4** [9900]

4 **1**

		6500					9000		
5000	5500	6000		7000	7500	8000	8500		9500	10000

2

	9500				9900	
9400		9600	9700	9800		10000

90・91 ページ きほんのワーク

きほん1 **1** [100]
2 ア…[600]、イ…[1600]、ウ…[2800]、
エ…[4400]

1

2000	3000	[3400]	4000	[5000]	6000

2

		3		1 2		4	
5000	6000	5800	7000	6800 7050	8000	8500	9000

(れい) 5000

きほん2 **1** 7+[6]=13　700+600=[1300]
2 13−[7]=6　1300−700=[600]

3 **1** 1200　**2** 1400　**3** 1100　**4** 1100
5 600　**6** 300　**7** 800　**8** 700

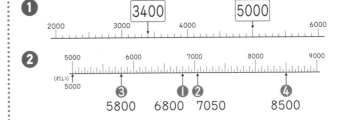

92 ページ れんしゅうのワーク

1 **1** 8000 [>] 7998
2 4099 [<] 4401
3 6389 [<] 6398
4 8880 [>] 8808

2 **1** [9000]
2 [10000]
3 [94]

3 **1** [1][0][2][3]
2 [4][3][2][0]
3 [1][0][3][2]
4 [2][0][1][3]
5 [3][4][2][1]

❸ ⓪、①、②、③、④の５枚のカードから４枚選んで、４けたの数をつくります。この問題では、０の扱いがポイントとなってきます。❶のいちばん小さい数は、問題の注意書きにもあるように、千の位に０をおくことはできないので、次に小さい１をおきます。そして百の位に０をおきます。できあがった４けたの数を紙に書き、比べることで確かな理解を促しましょう。

93ページ まとめのテスト

1 ❶ 7159　❷ 4736

2 ❶ 4208　❷ 56
　　❸ 7000　❹ 10000
　　❺

| 8000 | 8500 | 9000 | 9500 | 10000 |

3 ❶ 7062 < 7621
　　❷ 5810 > 5801

4 ❶ 1300　❷ 1600

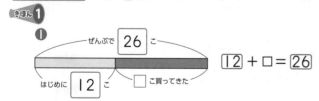

2 ❺ 500 ずつ増えています。
3 ❶ 千の位が同じ→百の位で比べます。
　　❷ 千の位と百の位が同じ→十の位で比べます。
4 100 の何個分かで考えましょう。
　　❶ 800＋500 → 8＋5＝13 → 1300
　　❷ 700＋900 → 7＋9＝16 → 1600

☝たしかめよう！

大きい数を考えるときは、どの位の数にちゅうもくすればいいのかまちがえないようにしましょう。
とくに、数の大きさをくらべるときには大切になります。

⑯ 図をつかって考えよう

94・95ページ きほんのワーク

きほん1
❶
ぜんぶで 26 こ
はじめに 12 こ　□ こ買ってきた
12 ＋ □ ＝ 26

❷ 式 26 － 12 ＝ 14　　答え 14 こ

---

❶ ❶
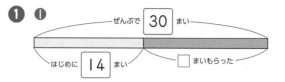
ぜんぶで 30 まい
はじめに 14 まい　□ まいもらった

❷ 式 30 － 14 ＝ 16　　答え 16 まい

きほん2 ❶
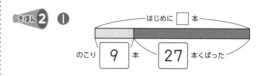
はじめに □ 本
のこり 9 本　27 本くばった

❷ 式 9 ＋ 27 ＝ 36　　答え 36 本

❷ ❶
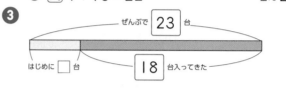
□ m買ってきた
のこり 7 m　15 mつかった

❷ 式 7＋15＝22　　答え 22 m

❸

ぜんぶで 23 台
はじめに □ 台　18 台入ってきた

式 23－18＝5　　答え 5 台

☝てびき

きほん1 □で表された数がかくれた数と呼ばれるもので、ここでは、初めの数からある数増えて全部の数になるタイプの問題です。かくれた数は増えた数です。
　増えることを示す言葉の表現に慣れましょう。例えば、「もらった」、「やってきた」、「買ってきた」、「飛んできた」、「作った」などです。
きほん2 初めの数（□で表した数で全体の数にあたります。）を、残りの数と減った数から求めるタイプの問題です。ここでは、初めの数がかくれた数です。
　かくれた数を求める問題では、文章だけで考えていると、立てる式を間違えやすくなります。数量の関係をしっかりつかむために、図をかいて考えるようにしましょう。

96ページ きほんのワーク

きほん1 ❶
はじめに 150 円
のこり 90 円　□ 円つかった

❷ 式 150 － 90 ＝ 60　　答え 60 円

❶ ❶

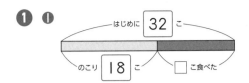

はじめに [32] こ
のこり [18] こ | [□] こ食べた

❷ 式 32−18＝14 　　　　　　答え 14 こ

❷ 図

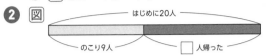

はじめに20人
のこり9人 | [□] 人帰った

式 20−9＝11 　　　　　　答え 11 人

てびき 　減った数を、初めの数と残りの数から求めるタイプの問題で、かくれた数（□で表された数）は減った数です。
　減ることを示す言葉の表現に慣れましょう。例えば、「あげた」、「帰った」、「食べた」、「飛んでいった」、「使った」などです。

97ページ　まとめのテスト

❶ ❶

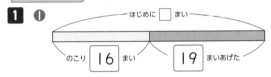

はじめに [□] まい
のこり [16] まい | [19] まいあげた

❷ 式 16＋19＝35 　　　　　　答え 35 まい

❷ ❶

ぜんぶ で [43] こ
今日 [15] こ | きのう □ こ

❷ 式 43−15＝28 　　　　　　答え 28 こ

てびき 　これから学年が上がっていくに従って、図にかいて関係を整理し、それをもとに式を立てることが必要になってきます。
　2年生のこの時期は、一見難しそうな問題でも、図に表して考えると、関係が整理されて、明確になることを実感するのがねらいです。「図にかくとわかりやすいな」と体得することで、次に難しい問題にあたったときに、「図にかいて考えてみよう」という意欲を引き出すことができます。

⑰ 1を分けて

98・99ページ　きほんのワーク

きほん1・ 二分の一、[1/2] ・ 分数 といいます。

---

❶

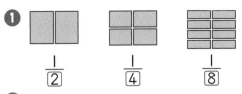

　　[1/2]　　　　[1/4]　　　　[1/8]

❷ 8 倍

きほん2

❶ [1/2] の長さは、[7] cm です。

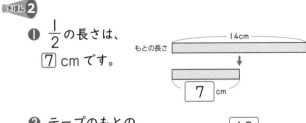

もとの長さ 14cm
7 cm

❷ テープのもとの長さは、[12] cm です。

12 cm
もとの長さ
6cm

❸ ❶ 9 cm 　❷ 16 cm 　❸ [ちがう]

てびき **きほん1** 　分数は、この先最もお子さんを悩ます概念の1つです。まず、その手始めのところなので、つまずかないようにしましょう。
　ここでは、まだ、「分母」、「分子」、「割合」などという用語は登場しません。
きほん2 ❶ もとの長さが14cmなので、このテープの[1/2]の長さは、□＋□＝14
（□には同じ数があてはまります。）の式の□を考えます。7＋7＝14で、□にあてはまるのは7になるので、[1/2]の長さは、7cmになります。
❷ [1/2]の長さが6cmなので、このテープのもとの長さは、6cmを2倍した12cmです。
❸❶ 黄色のテープは、**きほん2**の❶と同じように考えます。□＋□＝18の式の□を考えて9cmとなります。
❷ 緑色のテープは、**きほん2**の❷と同じように考えます。このテープのもとの長さは、8cmを2倍した16cmとなります。

☝ たしかめよう！

❶ 同じ大きさに4つに分けた1つ分を[1/4]、同じ大きさに8つに分けた1つ分を[1/8]といいます。

100ページ　きほんのワーク

きほん1 ❶ [3] こ 　❷ [2] こ
❶ ❶ 12 こ 　❷ 8 こ 　❸ 6 こ

てびき きほん1 ●6こを同じ大きさに分けます。

❶ 右の図より、2等分した1つ分は、3こになります。

❷ 右の図より、3等分した1つ分は、2こになります。

1❶ 右の図のように2等分します。これより、1つ分は、12こになります。

❷ 右の図のように3等分します。これより、1つ分は、8こになります。

❸ 右の図のように4等分します。これより、1つ分は、6こになります。

101ページ まとめのテスト

1 ㋐ $\frac{1}{2}$ ㋑ $\frac{1}{3}$ ㋒ $\frac{1}{4}$

2 ❶4倍　❷2倍　❸8倍

3 ❶15こ　❷10こ

てびき 1 実際に正方形の紙を切って重ね合わせてみると、理解が深まります。

㋐は、同じ大きさの直角三角形2つに、㋑は、同じ大きさの長方形3つに、㋒は、同じ大きさの正方形4つに切ってあります。

2❶ 4つに分けたうちの1つ分だから、これを4倍するともとの大きさになります。

❷ 2つに分けたうちの1つ分だから、これを2倍するともとの大きさになります。

❸ 8つに分けたうちの1つ分だから、これを8倍するともとの大きさになります。

3❶ 右の図のように2等分します。これより、1つ分は、5×3＝15なので、15こになります。

❷ 右の図のように3等分します。これより、1つ分は、5×2＝10なので、10こになります。

● 2年のまとめ

102ページ まとめのテスト❶

1 ❶6032　❷380　❸7200　❹9000

2 ア…2500　イ…3900　ウ…6400

エ…9100

3 ❶1000　❷500　❸500　❹1500

4 ❶725 < 752　❷398 < 401
❸2987 > 2789　❹6060 > 6006

5 ❶102　❷570　❸9　❹319

てびき 4❶ 十の位の数字を比べます。

❷ 百の位の数字を比べます。

❸ 百の位の数字を比べます。

❹ 十の位の数字を比べます。

103ページ まとめのテスト❷

1 ❶24　❷24　❸56　❹35　❺18　❻3

2 [れい]❶

❷ 　❸

3 ❶6900 mL　❷508 cm

4 ❶午前10時23分　❷午後8時56分

5 おかしの数しらべ

しゅるい	ガム	あめ	せんべい	ケーキ	ラムネ
数(こ)	5	4	3	2	1

てびき 3❶ 6L＝6000mL、9dL＝900mLだから、6000mLと900mLを合わせて、6900mL

❷ 5m＝500cmだから、5m8cm→500cm＋8cm＝508cm

● プログラミングにちょうせん

104ページ 学びのワーク

きほん1 ・1を2回、10を2回おします。
・1を12回、10を1回おします。

❶ ㋐

てびき ❶ ロボットははじめ、100の下にいるので、㋐214、㋑114、㋒204をつくります。

夏休みのテスト①

1 くだものの 数しらべ

くだものの　数しらべ

しゅるい	いちご	りんご	バナナ	みかん	メロン
数(こ)	4	2	3	5	1

2 ⑦ 1cm7mm（17mm）
　　⑦ 10cm6mm（106mm）

3 ❶ 9+27+3=9+(27+3)=9+30=39
　　❷ 35+6+5=(35+5)+6=40+6=46

4 午前8時55分

5 ❶ 51+36=87　❷ 29+47=76　❸ 67+13=80　❹ 8+75=83
　　❺ 76−43=33　❻ 52−24=28　❼ 80−31=49　❽ 64−57=7

6 ❶ 885　❷ 895　❸ 900
880　890　905　910

7 ❶ 67+75=142　❷ 54+48=102
　　❸ 179−86=93　❹ 105−47=58

夏休みのテスト②

1 ❶ ひまわり　❷ 3人
2 ❶ 午前6時45分　❷ 午後2時57分
3 ❶ 5cm7mm　❷ 4cm5mm　❸ 7cm6mm
4 ❶ 23+45=68　❷ 53+29=82　❸ 18+62=80　❹ 47+8=55

❺ 89−34=55　❻ 64−19=45　❼ 70−26=44　❽ 91−7=84

5 ❶ 5、8、1　❷ 270
6 ❶ 76+87=163　❷ 35+69=104　❸ 142−58=84　❹ 103−96=7

冬休みのテスト①

1 ❶ 3つ　❷ 4つ
2 ❶ 14　❷ 45　❸ 32　❹ 54　❺ 32　❻ 30　❼ 21　❽ 27
3 ❶ 3倍　❷ 15cm
4 ❶ 2×3(=6)　❷ 4×5(=20)　❸ 5×7(=35)
5 ❶ 13こ分　❷ 1L　❸ 9L5dL　❹ 140こ分　❺ 5m70cm　❻ 3m30cm

冬休みのテスト②

1 ❶ 1L1dL　❷ 2L3dL
2 ⑦ 長方形　⑦ 直角三角形
3 ❶ 24　❷ 64　❸ 4　❹ 63　❺ 10　❻ 3　❼ 54　❽ 6　❾ 20　❿ 7
4 ❶ 式[れい]4×6=24　答え 24こ
　　❷ 式[れい]4×8=32　答え 32こ
5 ❶ 2L<200dL　❷ 5dL=500mL　❸ 4m>40cm
6 ❶ 9m10cm　❷ 4m78cm　❸ 3m77cm　❹ 4m44cm

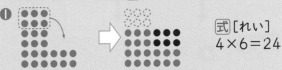

てびき **4** 次の図のように、いくつかの●を移動して考えたときの式は、次のようになります。

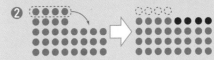

❶ 式[れい] 4×6=24
❷ 式[れい] 4×8=32

学年末のテスト①

1 ❶ 25 ❷ 48
❸ 28 ❹ 8
❺ 27 ❻ 42
❼ 12 ❽ 12
❾ 18 ❿ 63
⓫ 5 ⓬ 48

2 ❶ 1m=100cm ❷ 36mm=3cm6mm
❸ 5cm7mm=57mm
❹ 480cm=4m80cm
❺ 1L=1000mL ❻ 1L=10dL

3 ❶ 9250 ❷ 4513

4 ❶ 3090 ❷ 8000
❸ 900 ❹ 10000

5 ❶ $\frac{1}{2}$ ❷ $\frac{1}{3}$

5 ❶もとの大きさを同じ大きさに2
つに分けた1つ分なので、二分の一です。
❷もとの大きさを同じ大きさに3つに分けた1
つ分なので、三分の一です。

学年末のテスト②

1
❶
```
  5 8
+ 7 5
─────
1 3 3
```
❷
```
  3 2 4
+   5 3
───────
  3 7 7
```
❸
```
  2 3 9
+     6
───────
  2 4 5
```

❹
```
  1 4 8
−   6 2
───────
    8 6
```
❺
```
  4 5 8
−   5 6
───────
  4 0 2
```
❻
```
  9 1 3
−     7
───────
  9 0 6
```

2 ❶ mL ❷ m
❸ dL ❹ cm

3 ❶ 456 < 465
❷ 7425 > 7408
❸ 8m > 80cm
❹ 6cm2mm = 62mm
❺ 230dL > 2L3dL
❻ 250mL < 25dL

4 ❶ 8つ ❷ 4つ ❸ 2つ

5 ❶ 8400 ❷ 9200 ❸ 10000

8000 → 9000 →

4 箱の形には、辺が12、頂点が8
つあることを押さえます。面は6つあり、向か
い合った面は、形が同じであることも確認して
おきましょう。

まるごと 文章題テスト①

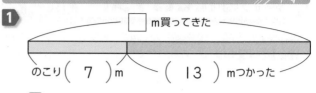

□ m買ってきた

のこり (7)m (13)mつかった

1 式 7+13=20 答え 20m
2 式 54−47=7
　　　　　　　　　　　答え 赤い色紙が7まい多い。
3 式 50+18=68 答え 68まい
4 式 120−26=94 答え 94こ
5 式 68+42=110 答え 110本
6 式 18+7+3=28 答え 28人
7 式 5×6=30 答え 30さつ

6 話の順に式をつくっていきます。
18+(7+3)として( )の中を先に計算すると、
計算が簡単になります。
7 1つ分の数は5、いくつ分が6になるので、
式は5×6です。

まるごと 文章題テスト②

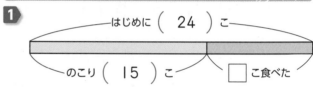

はじめに (24)こ

のこり (15)こ □ こ食べた

1 式 24−15=9 答え 9こ
2 式 26+67=93 答え 93人
3 式 7×5=35 答え 35人
4 式 47+75=122 答え 122まい
5 式 96−47=49 答え 49ページ
6 式 135+48=183 答え 183円
7 式 12+6+14=32 答え 32さつ

4 「全部で何枚か?」なので、合わせた
数を求めます。
(はじめに持っていた枚数)+(もらった枚数)=
(全部の枚数)になります。
7 「全部で何冊か?」なので、それぞれの冊数の
合計を求めます。
12+(6+14)として( )の中を先に計算する
と、計算が簡単になります。